家事断舍离

家事の断捨離

[日] 山下英子 著

贾耀平 译

やましたひでこ

CNS PUBLISHING & MEDIA
湖南文艺出版社
HUNAN LITERATURE AND ART PUBLISHING HOUSE
博集天卷 CS-BOOKY

著作权合同登记号：图字 18-2019-206

图书在版编目（CIP）数据

家事断舍离 /（日）山下英子著；贾耀平译. — 长沙：湖南文艺出版社，2019.9（2020.6重印）
ISBN 978-7-5404-9341-7

Ⅰ. ①家… Ⅱ. ①山… ②贾… Ⅲ. ①人生哲学–通俗读物 Ⅳ. ① B821-49

中国版本图书馆 CIP 数据核字（2019）第 148486 号

上架建议：心理励志

JIASHI DUAN SHE LI
家事断舍离

作　　者：［日］山下英子
译　　者：贾耀平
出 版 人：曾赛丰
责任编辑：薛　健　刘诗哲
监　　制：蔡明菲　邢越超
策划编辑：李齐章　蔡文婷
特约编辑：尹　晶
版权支持：辛　艳　金　哲
营销支持：霍　静　文刀刀　傅婷婷　周　茜
装帧设计：利　锐
出　　版：湖南文艺出版社
（长沙市雨花区东二环一段 508 号　邮编：410014）
网　　址：www.hnwy.net
印　　刷：三河市中晟雅豪印务有限公司
经　　销：新华书店
开　　本：880mm × 1270mm　1/32
字　　数：120 千字
印　　张：7.25
版　　次：2019 年 9 月第 1 版
印　　次：2020 年 6 月第 3 次印刷
书　　号：ISBN 978-7-5404-9341-7
定　　价：45.00 元

若有质量问题，请致电质量监督电话：010-59096394
团购电话：010-59320018

前言

其实我以前也总为家务活发愁

大家好，我是山下英子。

请问，你喜欢做家务吗？是不是也很会做家务？

别看我在演说中或出的书里常常提起“断舍离和家务”，说实话，我以前也做不好家务活。与那些来参加断舍离讨论会的听众聊天，我发现很多人对于家务有各种各样的烦恼：

- 收拾来收拾去，家务活总是没完没了。
- 总后悔“没有认真搞家务”。
- 有开销记账本却看不见省出来的钱。
- 一直想完成的家务活总是被各种事情拖延。
- 每天因为家务活忙里忙外，没休息好，有压力。

写这本书的目的就是为了解决这些烦恼。因为我曾经也有相同的感受——做家务，真辛苦！

在某些以昭和初期为背景的电视剧中，剧中人物总是感叹：

“家务活，简直就是重体力活！”

与昭和时代相比，如今人们依靠各种各样的机械设备，耗费在家务上的精力和时间省去了一大半，家务也轻松了不少。但是，家务依然是繁重的体力作业——“不得不做”的心理压力和“日复一日”的重复劳动。

如果这项繁重的作业能变得轻松、愉快，那么我们就会省去很多烦恼，生活也会多一点阳光。

让家务事变得轻松有趣

其实，90% 的家务是保养管理的作业。

断舍离告诉我们，保养管理作业是有很大价值的。我以前一直认为“制造新东西”才算是有价值的事，其实，制造新东西固然重要，对制造出来的新东西进行“维护管理”“保养管理”同样是非常有价值、有意义的。

因此，那些从事街道清扫工作的人更应该受到尊敬，他们并不是什么“扫大街的”。而那些家庭主妇和家庭主夫也应该昂首挺胸地为自己的辛劳感到骄傲，因为家务，也就是保养保全工作，是非常有价值、有意义的。我想借这本书打破“家务很辛苦但有价值，家务有价值但很辛苦”的死循环。

家务 = 有用 = 有趣

这本书不是什么提高家务技能的手册，也不是什么灵修指南。

它的主旨是“让家务更轻松有趣”。

它的目的是把各种让人们觉得家务是繁重枯燥的重体力活的“想当然”彻底“断舍离”。在这里，我简单归纳和总结一下什么是断舍离。

- 断——切断庞杂的物品来路。
- 舍——舍弃不需要的物品。
- 离——在反复的断与舍中，脱离对物品的执念。

其实，断舍离就是指对自己和物品关系进行刨根问底的训练。提到断舍离，我们总是把焦点放在“舍弃”上，其实有些东西可以通过断舍离，重新找回来。

物品本身附带“三间”——手间[1]、时间、空间。

从下图可以看出，物品周身一定会附着维护管理所需要的“精力”“时间”“空间”。

要实现家务的轻松有趣，第一步就需要扔东西。所谓的“收纳”，只是在“移动”东西，并不实际减轻或减少维护管理物品所需要的精力、时间和空间。

1. 手间：日文汉字，意思为精力，下同。

人们总认为花精力的事情很麻烦。丢掉多余的杂物会节省很多精力（手间），同时也能节省时间，恢复空间。我们重拾“三间”，其实就是重新找回生活的从容感。

很多人晚上下班回到家，总是拖着疲惫的身躯在勉强做家务，特别是那些还带着孩子的职场妈妈。那么，能不能在短时间内整理好家务就显得尤为关键了。

包括那些家庭主妇和家庭主夫，他们不会每天待在家整理家务，都希望白天摆脱家务，做点其他事情。

首先，我们把工作日期间晚上的家务活叫作“晚家务”，然后再来说如何实现晚家务的轻松和有趣。本书将在第二章介绍如何做好以“我回来喽”开始的晚家务。相对于晚家务，从早上起床到出门上班这段时间做的就叫“早家务”。

我知道很多人不喜欢早起，所以也不会奢求大家早起做家务。本书将在第三章介绍一些做早家务的关键点。这些早上进行的“关键”家务活会让你下班回家做家务更轻松。

工作日的“早家务”“晚家务”之后，就是周六、周日的家务。本书将在第四章的“周末家务”进行介绍。

“周末家务”的主旨是“不要让家务占领周末”。如果把平时拖延累积的家务全部放在周末去处理的话，那么本应该好好休息的周末就全部被家务填满了，不利于身心休息。第四章将着重介绍如何在周末做家务才有意义。

“家事断舍离”的目的就是想通过断舍离，抛掉以往想当然的固化思维，用更少的精力去做更有价值的家务，让身体和心灵都放松下来。同时，我也想通过断舍离，让我和我的学员们能逃开“家务烦恼的怪圈”。

让我们跟着这本书一起努力练习吧！

——山下英子

目 录

第一章 “家务常识”断舍离

第二章 从晚上 6 点开始的“晚家务”

第三章　早上 6 点开始的“早家务”

第四章　“周末家务”

后记

第一章

“家务常识”断舍离

常识 1

“收纳”无法收拾好家

“收纳”会让家务更辛苦

下面我们来一件一件验证，到底以前那些想当然的家务常识是否正确。

家务的第一误区不是其他，而是“收纳”。

很多人会觉得东西摆得乱七八糟的房间，只要一收纳起来，立刻变得整洁了很多。

很多人一般都会用收纳箱、收纳盒把乱七八糟的零碎物件分门别类地摆放好。

但是，我敢说，收纳并没有解决问题。下面介绍一个案例，你会发现收纳让家务变得异常辛苦。

我应杂志社的“断舍离 before after”的策划而探访这户人家。

这是个七口之家。三十多岁的爸爸妈妈带着五个孩子，最小的只是个婴儿。爸爸妈妈很辛苦，很伟大。

要养活这个家庭，首先要花费大量的时间和精力去解决生活必需品的事情。五个孩子都嗷嗷待哺，而且还得准备很多换洗的衣物，另外还需要更新一下玩具和学习用具。

因此，这些日常用品也需要大量的时间和精力去整理和收拾。这位好客爱下厨的妈妈总是在塞满食物的大冰箱和大餐桌之间，专注地炒菜煮饭。她灵巧地从摆满料理器具的架子上拿起煮饭锅和平底锅，收纳柜的门前地板上直接（问题点）放着一个特大号的调味料瓶（大问题点），所以柜子门打不开。

打开冰箱后，表面的食材能看见，但是最里面到底藏着什么东西看不出来。所以，食物总是买重。为了确保随时不缺食材，妈妈总是不停地买买买。

名为衣柜的“垃圾堆放场”

各个房间都带有收纳柜，每个柜子都塞得满满的。那些塞不进溢出来的杂物怎么处理呢？

就“扔”在离我们最近的地方。

这就是名为衣柜的“垃圾场”。另外，楼梯下面不到1.6平方米的地方，各种不用的玩具、妈妈的手工作品、爸爸的爱好物、野餐用具等塞得满满当当。

一般的厨房垃圾或是废纸什么的会在指定日按时扔掉，但是碰见稍微大一点的垃圾，就怕麻烦，不想扔。首先，因为大型垃圾的处理方式是特定的，不能随便乱扔；其次，还要和大型垃圾清洁工联系，请人处理，说不定还要花钱。所以总是把这些东西直接放在24小时随时方便扔东西的“垃圾堆放场”。

但是，问题是很多时候“垃圾堆放场”里不全是“垃圾”，还混埋着一些有用的必需品。那又得花时间、花精力去“垃圾堆”里做挖掘作业了。

当她把杂物全部搬到柜子里后，客厅就显得宽敞了不少，这就容易给人一种错觉——客厅收拾得真干净。也就是说不再是什么垃圾场客厅，再加上客厅的墙壁上、柜子里都放着精致的摆件和垂下摇摆的装饰品，甚至能称得上时尚整洁的客厅。但真相是：这些“时尚用具”全都布满灰尘。因为被放在不方便清洁打扫的地方，所以落满灰尘。而且这位妈妈根本没有多余的时间和精力把这么多的东西一个一个拿起来清扫、擦拭、刷洗。

她没有意识到越想通过“收纳”来解决家务，越是让问题越来越多、越来越大。

我们在前面介绍过物品附带有维护管理所需要的精力、时间和空间。接下来从“意识层面”认识一下物品的构成。

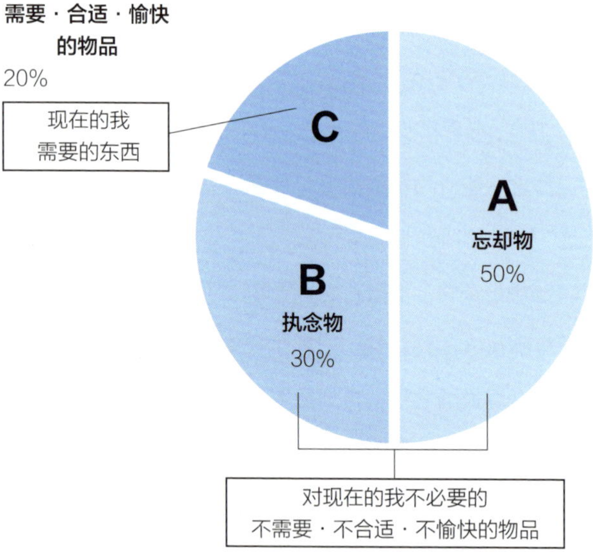

“物品意识”

为什么会“想扔却扔不掉”？

从图中我们会发现家里最多的东西是忘却物。“忘却物”即那些我们连其存在都不知道的、无法想起的杂物。人总是很难想起看不见的东西，我们总是被这些忘却物夺去空间，夺去时间和精力。

“执念物”即那些我们虽然能意识到其存在，却无法丢弃和处理的东西。像一些往昔的纪念品、亲手制作的小东西等我们常说的“想扔，扔不掉”的杂物。通常，我们并非很珍惜和喜欢这些杂物，只不过随处搁在家里，不去想如何处理罢了。换句话说，这些杂物属于上图中的 A 区和 B 区范围，是“不需要 · 不合适 · 不愉快”的需要“扔”的杂物。

而“需要 · 合适 · 愉快”的物品即有价值，被我们所需要，让我们心情愉悦舒适的东西。即上图的 C 区，是需要保留的物品范围。

这个区域的物品：

是我们“要花时间，想花时间”而不是“被迫花时间”

的物品。

是我们“想腾出地方安放”的物品。

是我们“想花精力，想维护管理”而不是“被迫花精力”的物品。

对于不同区域的东西，我们内心发出的声音是完全不同的。

“忘却物”和“执念物”是内心所排斥的。“需要·合适·愉快”的物品是内心所期待的。前者让我们心灵衰败枯萎，后者则让我们心灵充盈丰润。后者让人与物品建立一种舒适愉快的良好关系。

有一点需要注意的是，这三个区域划分不是绝对的，也会随着时间而改变。“需要·合适·愉快”的东西会逐渐变成“忘却物”或者“执念物”。物品和人的关系也不是一成不变的。

分类则满足的“标签化收纳术”

我曾经也尝试过“收纳术”。

第一件事就是买收纳箱。

有了收纳箱，把一些零零碎碎的东西一股脑儿地放在箱子里。其他的不说，首先这些乱七八糟的杂物从视野中消失了。

结果，它们不仅从视野中消失了，也逐渐从脑海里消失了。

换句话说，所谓收纳，好像是收拾之后就可以坐视不管，置之不理了。从某种意义上来说，收纳是种忘却物催化剂。需要的收纳箱越来越多，占据的空间也就越来越多，家里也就显得越来越狭窄拥挤。

收纳术的老师还教我们如何贴标签把物品分门别类。包括建立收纳隔间，粘贴便利贴区分杂物类别，等等。这些工作无一不是要花费时间和精力的。一旦开始贴标签，我们就会下意识地把“贴标签”当作第一目标。

杂志上展示的完美收纳空间中，有五颜六色的调味料瓶整齐排列的置物架，有犹如图书馆一般系统严谨地摆放书籍的书架，还有按大小功能等分门别类收好的文具柜子，等等。看见这些彩页时，想必有人会感叹“真是再怎么努力也做不好呀”。

“做不好”是肯定的，只有那些每天以高标准要求自己的收纳达人，才能长期保持这种“杂志彩页水准”。不是专家做不到，只有收纳专业的人才能做得这么专业。但是对非收纳专业、每天工作事务繁忙的我们来说，这种“收纳”标准过高过难。就好像强迫一个从来没练过慢跑的人去跑全程马拉松一样，不切实际。

我想说的是：

收纳，需要时间。

收纳，需要空间。

收纳，需要精力。

购买东西容易，维护保养很难。不注重管理和保养，就容易成为灰尘的温床。

最简单的是，家里没有那些需要贴标签、需要管理保养的东西。从另一个角度来讲，把用过的东西按照标签放回原处的想法也是有问题的。假如不存在什么多余过剩的杂物，其他东西放在哪里就会一目了然。这就是断舍离。

人是一种能多省事就想多省事的生物，也是一种万事想要蜻蜓点水就直接了事的生物。从人的这种“懒”心理出发，不得不说所谓的“收纳术”的想法太过天真。因为对付乱七八糟，整顿、收纳的方法并不能解决根本问题。

整顿、收纳前我们需要做的是：

- 减少杂物。
- 精简杂物。
- 精选杂物。

也就是对杂物进行断舍离。只保留精挑细选之后需要的适量的物品，即便是看起来杂乱无章，收拾起来也不费什么精力。

需要断舍离的烦恼

☐ 给杂物贴标签分类的时间和精力。

☐ 没有及时处理的无用品。

☐ 动不动就得重新收拾房间的压力。

常识 2

不为家务事后悔

从“严格认真”的传统标准中解放出来

我们经常在媒体上看见很多在做家务和培养孩子上做得堪称完美的超级主妇。

无论是烹饪、收拾家务，还是子女教育，只有耐心、认真、井井有条才是正解。媒体时不时地暗示人们要多花时间、精力去做，才能当好家庭主妇。

你是不是常常为自己“由于没有多花时间、多花精力而做不好家务”感到内疚和惭愧?

很多人觉得自己在要下功夫的地方偷懒，挤不出时间来整理东西。他们内心总是有一种“我不该把家务做成这样”的罪恶感和愧疚感。

我想说的其实是“我们来多偷点懒吧”!

“偷懒”可能不好听，那我就换个词——省事。如果工作很忙的话，也花不了多少时间和功夫。

因为，这本书的主旨是省事、简单、享受、有趣。

这本书想告诉那些对家务感到惭愧内疚的人，如今的时代并非什么都必须花时间、花精力的时代。

从前的家庭主妇还身处要身体力行，花精力、下功夫做家务的年代，有些家务即使有机械设备辅助，还是有需要人下功夫的地方。如今科技进步，家用电器花样百出，越来越多的家务活不需要人再花时间和精力。

但是，我们内心还隐隐残留着某种难以描述的感觉——身为家庭主妇、身为母亲还是身体力行的好。

可是，你到底在介意什么？别人的评价？家人的眼神？

最后，你自己做的家务活，居然变成了以“他人为标准”来评判。比如说“卡通便当”，最开始就是为了孩子开心而做的，渐渐地做便当的目的变了。就像圣诞节的小彩灯一样，五花八门的彩灯逐渐出现，最后谁也不知道圣诞彩灯存在的意义是什么。

另一方面，那些认真做家务的人也有失落感。

他们认认真真地做家务，却没人赞扬夸奖，逐渐地做家务成了一种负担。“都是我在拼命做家务，竟然没有人夸夸我……是不是我做得还不够好……"他们心里会滋生一种"受害者意识"。

不能为了"香喷喷的饭菜"而过于拼命

"就感觉像是说不会做年夜大餐的自己很不够格一样……"

在厨房干脆利索地做家务的妈妈这么说。

可以说，即便在女性已经走入职场的现在，她们心中依然残存着对于家务事的保守"常识"。说不够格的其实是她们自己，那么到底她们对什么感到内疚和惭愧呢？

当"食育[2]"这个词出现的时候，我就预感做妈妈的负担又要加重了。既要家务活身体力行，又要保证全家团圆和睦。压力山大！妈妈根本没有太多的精力去实践"食育"。

2. 食育：良好饮食习惯的培养教育。从儿童时期开始，培养孩子通过各种活动获得关于"饮食"的知识和选择"食物"的能力，实践健全的饮食生活。按照日本2005年7月15日颁布实施的《食育基本法》，以培养国民终身健康的身心和丰富的人性为目的。

不知从何时起，社会开始要求女性既要承担做妈妈的责任，又要担负起做爸爸的责任。在外面工作，回家依然要工作。这种社会氛围带来的无形压力，让每个妈妈感到某种内疚和惭愧感。整个时代都在剧烈地变化着，做妈妈的我们却依然墨守成规，被旧时代的思想观念束缚着脚步。

我在亚洲很多国家旅行时，对于当地的“饮食文化”尤为好奇和兴奋。在像泰国这样保留宫廷的国家，我深感其饮食水准之高，却又有开放的饮食文化，也就是对“饮食”没有太多的条条框框。

在日本，一说早餐，大家依然想到的是“妈妈用心做的早餐”，而在泰国，“大家去小摊儿吃早餐吧！”已经是常态了。这种自由自在的感觉让我很羡慕。

三餐，就要在家吃，要女人每天早上、晚上亲手做出来。这种感觉不光在欧美，在亚洲各国都不怎么常见。希望这本书能帮助大家彻底“断舍离”这种“强迫观念”。

很多妈妈是“为了孩子”“为了这个家”而忙里忙外的，但是没什么心情做饭的时候，也不妨到外面去吃饭。

酒店、餐馆的早餐也很美味。虽然不能经常去旅游，但是也能在附近的早餐店里享受美味早餐。

周边的小吃店多一点就更好了。

普通店铺的早饭
认真地好好吃营养早餐确实没错，但偶尔也可以放松放松，吃个简单高兴的早餐。

日本的女性（男性）都在努力。日式料理文化确实是非常出色的文化。但是过于出色，过于讲究精致，标准过高，致使制作日式料理的人也过于辛苦。还有盛料理的器皿，形状各异，用途不同，收拾起来也颇费工夫。

希望大家记得：与世界流行的常识相比，有些事情实际上不需要多么高的标准。

需要断舍离的烦恼

□“好妈妈”“好主妇”的他人眼光。

□“拼命”就等于“伟大”的自我满足意识。

□必须亲自做家务的信条。

常识 3

“家务集中做”的陷阱

抛掉“满箱思维”

你是不是总是等脏衣服堆满篮子之后才放进洗衣机?

你是不是总是等垃圾袋塞满才想封口丢掉?

你是不是总是等 ×× 满了之后……才要……

我把这种情况叫作“满箱思维”。

人们总是莫名感觉“集中做家务才合理，才有效率”。

其实不然。

所谓的合理效率是指省力？省电?

都不是。我们俯瞰“满箱思维”“家务集中做”的做法，实际上一点都不合理，没有效率。原本因为忙碌没时间才打算集中做家务，但既然已经很忙碌了，怎么会挤出专门的时间去专门做家务呢?

假如在事先计划好的专门做家务的时间内，突然出现其他事情呢？如果只是挤出时间洗几个碗碟的小事情，优先做其他工作，推后洗碗碟的时间也没关系。但是如果堆了满满一洗碗池的碗筷，整个家务工作都被堵塞，无法顺利地进行，这个场面简直让人无从下手。

有的人“每周只洗两回衣服”。可能独居的人感觉没必要每天都洗衣服。“把脏衣物集中起来洗”只需要每周麻烦两次，也能省不少电，看起来效率高，很合理。

但是，脏衣物没有及时清洗会让污垢越来越顽固。怎么洗都洗不干净的衣服，只好搁到一边再买新的。所以积累了很多很多内衣内裤。集中清洗的内衣内裤数量多，晒衣服、收拾衣服也会花很多时间和精力。

稍稍一拖延，小作业就变成了大工程。

家务活是利用零碎时间做的工作。每天洗衣服叠衣服工作量很小，一旦拖上两三天，就成了大工程。

垃圾桶的问题也是一样。尤其是厨房的垃圾桶，如果不及时扔掉，时间久了就会发出难闻的臭味。一个垃圾袋也就几分钱，换个垃圾袋就能防止臭味散发，我觉得这几分钱花得非常值得。而不常换垃圾袋，只会形成“满箱之后再处理”的习惯。

“集中做家务”也会造成心理上的负担。这种负担来自“waiting（等待时间）”。比如每周只洗两次衣服，中间的两到三天就是等待时间。这段时间心里总有个声音在嘀咕：“唉，还堆着脏衣服呢……”越来越多的负担逐渐累积起来，变成了精神上的消极影响。

介意→ _ →不开心→ _ →烦恼

一开始稍微介意的事，最后居然滋长成压力甚至变成心病，想想就觉得恐怖。

“提前做好饭菜”与“集中买东西”的风险

以前，“提前做好饭菜”的热潮风行一时，实际上提前做好饭菜会让家务更辛苦。把三餐饭菜提前做好放在冰箱、冰柜里随后再吃的想法，就是一种“集中做家务”的思维，错认为“提前做好，之后就能轻松很多”。实际上提前做好饭菜的工作量并没有减少，也需要相应的时间和精力。

有很多上班的妈妈总是信心满满地说：“早上，我要5点起床，提前做好饭菜，加油！”这样的妈妈确实很努力地在做家务，但是当她们吐露出自己在加油准备饭菜时，就已经表明这件事得让她提着劲儿去做，也是个辛苦活。一定有一些妈妈觉得自己周一到周五要工作，就趁着周末提前准备，所以提前把一周的量都准备好。假如妈妈是开开心心准备的话，也没什么问题。可如果是“必须”“不得不”做的话，就很容易形成压力。而做饭这件事则变成了为“提前准备饭菜”而做饭了。

“提前预备好”最大的风险是“用不完”（吃不完）。因为人每天的心境、心情是不一样的，想吃什么、想吃多少也是在不断变化的。

食物最讲究新鲜度。即便是放在冰箱里，过四五天，食物也会变得很不新鲜，给人很强的“剩饭”感。人们对“剩饭”自然有抵触感。

即便有些主妇提前准备半熟食材或半熟食物放在冰箱里，到时候可以按心情调换菜品，感觉也差不多。除非周遭特别不方便买东西，不然最佳的饮食依然是“当时买”“当时做”的饭菜。现在是物流非常便利的时代。

“集中购买东西”也同样不好。

这个大前提是人无法管理太大量的物品。把食材塞进狭窄的冰箱、冰柜里，每天按适当的量拿进拿出，到最后把食材用得干干净净的人并不多。

食材料理专家能做到这一点，收纳专家也一样能做到。

如果有过“吃不完的东西只好扔掉”的经历，那就立刻停止“提前做好饭菜”的行为。想当然地能管理好食材食物和真有能力管理好食材食物是不一样的，该放弃的事情就要放弃。

这样就能让家务活立刻减量，让你变轻松很多。

与生活习惯不协调的"大容量"

"大的东西就是好东西"。这是昭和三十九年，森永制果的巧克力广告词。一种浓浓的正值经济高速增长期的日本昭和氛围扑面而来。

"二战"之后，类似冰箱和洗衣机的家用电器在日本普及。即便是少子化的现在，家用的冰箱、洗衣机的容量也逐年增大。大容量冰箱、大容量洗衣机这些流行产品的不断问世，就暗示着人们"为集中做家务加油"。

"提前做好饭菜"和"集中购买东西"让东西把冰箱完全占领了。最后，对食材食物管理不够，仅仅在冰箱前部看得见的地方来回拿食物，对冰箱深处被搁置到过期的食物却视而不见。

这也是除了大容量冰箱等大容量家电，还出现了类似"掌上洗衣机"的家电用品的原因。（仅仅适用于洗衣服的领子之类的小型家电。）

听说近些年，百元店（这里指日元，100 日元约合 6.38 元人民币）的洗衣板非常畅销，人们开始熟练地使用各种适合自己家庭使用的电器和器具。

还有些房地产开发者把“大容量收纳”作为广告词极力宣传，但是到底有多少人能正确恰当地使用这些收纳空间呢？在我看来，大容量收纳空间其实就是一个 24 小时开放的“垃圾破烂收集场”。

一些不需要的东西要及时地从家里扔到外面，适时地清理和处置。

“集中做家务”转换为“分散做家务”

从上面可以看出，“集中做家务”看似合理，却存在很多不合理的地方。

集中做家务就需要集中做家务的大块或整块时间。但是我们首先要意识到我们没有整块或大块的时间。

做家务的铁则就是“分散做家务”。每次做一点，每次做一点，每次都会顺利地做完。不过这也有个先决条件，当东西过多过大时，就不能勉强“分散”进行，“分散”做就会变成很大量。

比如，脱下衣服后，把它放进衣柜里一分钟都花不了。但是我们嫌麻烦就随手把衣服扔在一边。当我们随手扔放的衣服达到 60 件时，原本可以不花 1 分钟就能整理的事情，结果却花了“1 分钟 ×60 件 =1 小时”。

卖衣服的商店里，店员常常仔细地一件一件地整理衣服放到购衣架上，在家肯定是做不到这个地步的。为了减少衣物量，转换成“分散做家务”就有必要进行“断舍离”。

提到“分散做家务”，我就想起自己的婆婆。我把这种做家务的方法叫作“山下美子式”家务法。

婆婆是个急性子，什么事情都要立马做。别人还在吃饭，她已经唰唰唰地开始洗碗筷了。嘴上说着“慢点吃饭”，手上已经闲不住开始做家务了。正做着饭发现没有酱油了，就马上出去买，且家里还一刻不停地转着洗衣机。

但是我还满腹牢骚：

“一块儿做不是更好吗……”

“洗碗筷什么的着什么急？”

现在看来，她这么做更能尽快地解决问题，而不是积压问题。

和她住一块儿时，刚刚开始会觉得合不来，因为跟不上她麻利的节奏。比如锅碗上粘着大米时，本来稍微用水泡一阵子就能直接洗下来，但是婆婆却拿刷子拼命地刷，她是那种不会拿时间来解决问题的人。当然，除了这种“浸泡”的家务，“山下美子式”的家务法是没错的，她其实就是采用了“断舍离”的思维方式。

及时完成家务活的基本原则

做晚饭，让上小学的孩子吃饭，然后收拾碗筷。

再让放学回家的初中哥哥吃饭，然后收拾碗筷。

最后让下班回家的丈夫吃饭，然后收拾碗筷。

这三个场景基本上是所有日本家庭的日常。而家庭主妇的压力就来源于此，为了适应每一位家庭成员而把自己的时间分割成小碎片。自己连半小时的小块时间都没有，只有断断续续的几个 5 分钟、10 分钟而已。在这种生活节奏里，所谓“整块时间集中做家务”的要求肯定会让主妇（主夫）们倍感压力。

家务活，讲究的是有了活就要及时完成。

时间，讲究的就是利用碎片时间。

既然负责了家务，就要有所觉悟——家务事就是家务事，有自己的特点。所谓“集中一下子收拾完”简直是幻想。只要看见有什么家务活，就马上去做。事情越少，收拾起来就越容易，感觉脏的地方就立马去擦掉。

“断舍离”反复强调的就是减少物量——溺“物”之人的求生之道。

要处理的杂物的量和种类过多，导致很难进行优先顺序排序。如果一下处理 5 个东西，就变成了大作业。如果可以排优先顺序，就可以按顺序一个一个地有秩序地处理。

集中一块儿做家务，就会随手把一些鸡毛蒜皮的小事向后拖延。本来一回只需要洗 5 个盘子，结果稍微拖一段时间，洗碗池就堆满了碗筷。

本来家务活一件一件做比较简单轻松，一下子做五六件，负担立刻就大起来，导致花了大量的时间和精力，自己的心情也被拖累。“集中做家务”所面对的困难要比想象的大得多。

“分散做家务”的另一个优点就是别人愿意帮把手。因为家务活被切割成分散的“小块”，相对来说做起来不困难，麻烦别人搭把手也很容易。

我把它叫作“碎片小请求”。

有个学员为了在二楼阳台上晒衣服，总是把洗好的衣服特地从一楼拿到二楼去晾干。后来她想到“为什么不在上二楼时顺带着把要晾的衣服带上去呢？”碰到要上楼的丈夫，她随口说“帮我把衣服晾上去吧”。随口一句话，就省去个小麻烦，家务活的压力负担也相应减少，而别人听到具体的请求也会及时行动。

做饭中途用完的酱油可以拜托别人“回家时顺路买回来”，这种“碎片小请求”也是夫妇之间的交流内容。

需要断舍离的烦恼

□“集中做家务更轻松”的想当然。

□只看眼前利益的“节约思维”。

□无法解决问题的精神压力。

常识 4

不需要特意做菜单

你确实吃着爱吃想吃的东西吗?

我有一个喜欢订购"安全自然食材"的朋友。她总是喜欢储备过量的食材。不知道从什么时候开始她觉得"不能过多地储备食材，必须全部用完"，最后听说她已经不再订购食材了。

这种转变在于她的思维方式发生了变化。从"按照自己想吃的美味料理准备食材"变成"手边的食材怎样才能做成美味料理"，她成了一个"吃货奴"。而以前的她是个"食材奴"，也就是"杂物奴"。

虽然一些人高调地说"集中做家务是行不通的"，但依然有一部分人落入"集中买东西"的陷阱。

因卖得比较便宜，所以要多买点。

鸡蛋用完之后再买鸡蛋。

（然后，查看冰箱）

有这个蔬菜、那个蔬菜，就做道 ×× 菜吧。

以“食材”为标准买东西的话

“正优惠呢……不小心就买多了”，便宜是便宜，但做出来的饭菜毫无食欲，这样的食材囤了一大堆。越是这种难吃的食材就越难做到有效循环利用。本来冰箱里已经很多——又多买了很多——用不完剩下，“食材轴”的买东西方式很容易陷入这种日常陷阱中。

这个蔬菜放的时间有点长，赶快用掉吧。

也就是说“做什么料理”是以“有什么食材”为标准的——

食材轴。民以食为天，“食”是人的基本需求。即使食材再怎么安全安心、营养充分，却无法满足人“吃”的需求，就会出现“不匹配”。

重新回到人的需求原点。人有三大需求——食欲、睡眠欲、排泄欲（也包括性欲），这三个需求就是和生存密切相关的求生需求。当然，除此之外，还有作为人的社会需求。

人的三大生理需求中的“排泄需求”也被社会所束缚，并不能随时随地排泄。一旦“厕所”停止运行，人就会便秘。而动物却没有被束缚，可以随时随地排泄，不存在便秘现象。

食欲也一样。根本没什么食欲，却在进食。在不想吃饭的地方、不想吃饭的时间吃饭，只不过“因为到晌午了”，因为社会是这么约定俗成的。其实这对健康并没有什么好处。

我们必须好好倾听和回应人的基本生理需求，至少在家时能做到：想吃的时候就吃自己想吃的东西，想扔出去的东西就立刻扔出去，想睡觉的时候就去睡觉。

你可能会说，有家人在的时候不能这么随意吧。即便如此，请大家记得：在家这个私人空间里，我有“吃”的自由和“不吃”的自由。

“12 点吃午饭”不是死规定

私下说，其实我有时在家不吃饭。我知道有本书叫作《每周两天断食》，而我在生活中会把三餐间隔尽量拉开一点。如果晚上和朋友出去聚餐，我会注意吃的时候保证营养均衡。而在家就会随便吃点，比如吃点生鸡蛋拌饭、喝点发酵饮料等，甚至什么都不吃。

虽然不能因为在家不吃饭晚上就要尽情地吃喝玩乐，但是确实没有必要总是神经绷紧小心翼翼地过日子。我想强调的是“不那么严格遵守规矩也没关系”。过于严守规矩，把冰箱塞得满满当当，反而特别麻烦。

“精致生活”是现在的流行语。精心整理空间，细致地品味美食本身就是非常值得赞美的。

但是这里的“精致”到底是以何人的评判作为标准呢？

很可能是他人眼中或世俗常识中的“精致”，而不是对自己的“精致”。我们既有生理需求，又有心灵层面的需求。我们首先要坦然面对这些需求，这才是所谓的“精致”。

重要的是不断磨炼和提高对自我需求的敏感度，将接收自我需求信号的传感指针锤炼得锃亮发光，而不是任它生锈发霉。

那么，你现在想吃什么东西？

“fasting”即我磨炼自己对“吃”这件事敏感度的方法，意思是“断食”。并不是字面意思上的“真正的断食”，而是加入自我理解的“断食”，也可以说是对“人应该认真严格地吃三餐”这个常识的断舍离。

很多人一直以来都认定“人不吃饭就没精神”。实际上，疲惫没精神的是我们的肠胃。

肠胃是极容易受到人的精神影响的器官。一个人，有没有压力从肠胃运作正常不正常就能看出来。现在的社会绝不是物资匮乏的时代，而是营养过剩的时代。“吃”需要很多时间和精力，包括食材的采购、烹饪、用餐和餐后收拾碗筷等都要花时间。而且人吃完饭就想睡觉。因此，偶尔让肠胃放个假也是很重要的。

“吃”是一件非常私人的事情。虽然我把自己“吃”的事拿出来做例子，但是“吃”不应该问他人，而应该问自己、问自己的身体。并不是对“你”好的，就肯定对“我”好。更何况，人是很容易喜新厌旧的，现在对我合适的东西，不一定将来也对我合适。

我百吃不厌的就是米饭。我也喜欢糙米，但我的身体不喜欢糙米。所谓“吃”，不仅要讲想吃不想吃，也要讲适合不适合。

所以，没必要规定自己必须“12 点吃午饭”。虽然公司的午休时间规定可能是 12 ~ 13 点，不过，至少在私人时间什么时候吃、想吃什么是你的自由。

一般来讲，早饭和午饭的间隔比较短，午饭和晚饭的间隔比较长。所以，下午 2 点吃午饭也没太大影响吧。另外，不吃午饭，“一日两餐”也是可行的。

在拉丁美洲，很多有午睡习惯的国家，人们不怎么拘泥于什么时间必须吃什么饭。那里的人吃完早饭、午饭，然后睡个午觉，傍晚 5 点左右开始在露台喝酒，等到晚上八九点才开始吃晚饭，然后接着喝酒……人生一路带着醉意酒香，令人羡慕，其实这也是一种活法。

"列每周菜谱"的陷阱

你现在是否感到不用再对"吃"那么用力了?

作为对"吃"非常认真的"严格"派的典型做法就是"列每周菜谱"。这在我看来也是不好的。人们想吃的饭菜每天都是不一样的,好不容易列了一个每周菜谱,万一一周过后,全部不想吃了怎么办?

无论列菜谱的心情,还是买食材的心情,每天都是在变化的。

学校的食堂会把"每月菜谱"发给每个学生,这种菜谱是营养专家从孩子发育的角度出发,综合考虑设计的菜谱,也就是"客观视角"。

而自己吃的东西、全家人吃的东西必须从"俯瞰视角"考虑。从"俯瞰视角"可以发现包括自己在内的家人对"吃"的需求和心情的变化。

因此,吃什么最好由"当日、当时、当场"来决定,最多把第二天的饭菜定好,不能再多了。

比如“今天超想吃肉，现在的鱼正肥美，看起来很好吃，今天就吃鱼吧”。即使选择失败也没关系，多尝试几次，总能找到适合自己的方法。

那么，现在出门买东西吧！要磨炼自己对“吃”的敏感度！去菜市场逛逛也是一种乐趣。只要按照“美味”“想吃”的标准来选食材，“每次做饭前去买菜”的家务也就显得不那么麻烦了。

需要断舍离的烦恼

□以食材为标准做饭。

□吃不想吃的食物。

□别人口中的“正确、规矩的饮食生活”。

常识 5

不“节约”

“小节约”会消耗大能量

经常碰见主妇们拿着超市的促销传单从这家商店逛到那家商店。

她们的钱包里总是塞满了一沓一沓的积分卡，正在为“节约”而拼命。

但是，为节约奔跑的主妇们是否开心呢？

如果有人把节约当成兴趣，我自然无话可说。但是如果节约给自己带来了痛苦，那为什么不停止呢？

人们总会在各种地方强调节约，省钱、省水、省电……整个社会环境把“反对浪费·提倡节约”作为一种不容置喙的美德，还把“减少浪费”直接等同于“绿色环保”。

但是，我们所提倡的“小处节约”“小环保”其实是“大浪费”。因为我们为了减少浪费，需要“搞小发明、小创意”，需要“忍耐力”，需要“收纳技能”，需要“集中做家务”，等等。我们会发现为了节约，我们花去了大量的时间、空间和精力。主妇们花尽心思“节约”后，可能省了1日元（大约6分钱）、10日元（大约6毛钱）、100日元（大约6块钱）。从费用和效果比来看，明显不合算。有人会把自己的劳动看作免费的、无偿的，这是不正确的，因为你自己既是资本又是成本，首先我们得树立这种成本意识。

如果经常在各方面抠搜节约，有时候会一下子浪费很多。比如说因为在各方面都缩手缩脚，使得精神上有压力，有时候会想给一直拼命的自己花个大钱，放松一下。我把这种循环叫作“捡芝麻丢西瓜定律”。

其实，凡事都讲“省”，总会让人有种烦闷不痛快之感。严重点说，越讲究“省”的人，他的人生也会强迫自己凡事都必须从“省”出发。所以，首先我们要对这种思维方式断舍离。

又有人会说：“既然如此，干脆不要讲什么节约，出去工作赚钱开源便好。”但现实是有些人无法外出工作，而且出去工作反而会出现多余的开支。工作中把一只长筒袜给弄破了，就等于当天一半的时薪泡汤了。

捡芝麻丢西瓜定律

隔壁的超市搞大促销，蹬着自行车奔向“成功的节约”。自己这么努力，买个大蛋糕犒劳自己吧。哎？！回家算算节约了多少钱，结果发现收支不但没有平衡，反而超支了！以后，不要被一时的“优惠”牵着鼻子走。

换句话说，我们在任何情况下都可能或多或少地出现突发状况。因此，首先要把生活基础巧妙地进行“downsizing”。

所谓“downsizing”指的就是按照空间大小，对其中的杂物进行精减。杂物一旦减少，麻烦就会减少，时间和空间也多了出来，生活也会显得从容淡定。同时，家务和生活中大大小小的事情也能分得出优先顺序。在这个前提下，可以出去工作，也可以待在家里，怎么做是自己的自由。

为了记账而记账就毫无价值

就像“节约”没什么意义一样，家里的账簿也没有什么太大的意义。确切地说，仅仅为了记几个金额而记账的话，是没有什么意义的。仅仅在账簿上记下密密麻麻的数字就很满足的人不在少数，可是记账到底是为了什么呢？

之前，在一个资讯类节目中看到理财顾问给一位有两个高龄父母却没有兄弟姐妹的单身女性理财建议。这位单身女士既要照顾两位老人，又要保证自己的健康和生活，心里非常不安。这位理财顾问给出了建议，大致的意思是“多少年之后住宅费得花多少钱，加上看护费，一共要花多少钱。那么从现在开始每天攒多少钱”，顾问说完之后加了一句“这么看来，是不是心里没那么大压力了？”

这位女士点头说确实压力减轻了不少。

“咦？！”我有点吃惊。因为即使按照自己的生活节奏再怎么计划，谁也不知道什么时候会发生什么事情。

不知道大家有没有听说过“singularity（奇点）”这个词？现在已经迎来了比上一次产业革命更加剧烈、更加迅猛变化的时代。AI（人工智能）也很快要迎来能够自主改良升级自身系统的时刻，这个时刻就是奇点。也就是说，AI大范围地剥夺人们的工作机会的时代快要来临了。

在电视播放的资讯节目中我们时常能看到以AI为代表的高精尖的科技迅猛发展，超越了人们的预测和想象，也会看到很多严重的环境破坏问题。在这种自然和社会环境下，我们不可能基于什么稳定因素来谈未来的人生计划。

刚刚我谈到列菜谱是不好的，其实主要是想说制定菜谱时人们往往没有考虑到“变化”的问题。因为，人的心情和周围的环境时时刻刻都在变化着。

记账簿也是一个道理。为了记账而记账，对节约没什么帮助。最关键的是要知道“我的欲求是什么”。只有在这个大前提下，才会对记账不记账的效果产生重大影响。

需要的东西则保留或入手，不需要的东西则处理或无视。

在我看来，这才是深思熟虑之后记账簿应该发挥的作用。只有认清自己，坦然面对自己的需求，才能真正做到节约不浪费。

需要断舍离的烦恼

□“拼命节约却不见效果”的小处“省”的习惯。

□“只要记账就是节约”的想当然。

□没有把“变化”考虑在内的“人生计划”。

常识 6

不考虑做家务的活动路线

优先考虑“步骤”，而非活动路线

在盖房子和装修时，人们普遍认为“能考虑到顺利完成家务的活动路线的布局”是最理想的。

厨房的活动路线一般是“从冰箱里拿出食物，放在菜板上切好，然后放在燃气上烹饪，之后从碗筷柜里拿出盘子和碗，最后盛好饭上桌”。这一连串动作所包含的设计思路就是“各个活动点要尽量紧凑，以便完成作业”。但是，这种思路适合面积比较大的海外家庭，而一般亚洲国家的家庭没必要用这种思路。

空间宽敞的话，即便没什么特定的活动路线，也能顺利地做家务。空间显得宽敞主要是因为没有多余的杂物。这些杂物包括自以为必需的家电或家具，还有些小器具、小挂件，等等。

首先认真地问问自己：“这个东西是必需的吗？”

其实，与其把精力浪费到如何设计最省力的活动路线，倒不如多走几步路，这样也能锻炼身体。在宽敞的家里边做家务边运动，比起在家里无所事事却花大价钱去健身房要“节约”得多。

比起活动路线，我们先要考虑的是“步骤”，相当于“精力”。

人是一种越是花精力就越感到麻烦的生物。因此，要尽量考虑如何减少精力支出。

比如，厨房的柜子里放着的砂锅。因为不怎么用，所以特地搁在箱子里收好。假如某一天我们突然要用砂锅，现在我们来按照下图的步骤计算使用砂锅的“动作＝精力”支出吧。

数一下用砂锅要做多少动作。装进箱子的砂锅即便只是“拿出、使用、收起”也需要八步。

1

打开橱柜门

2

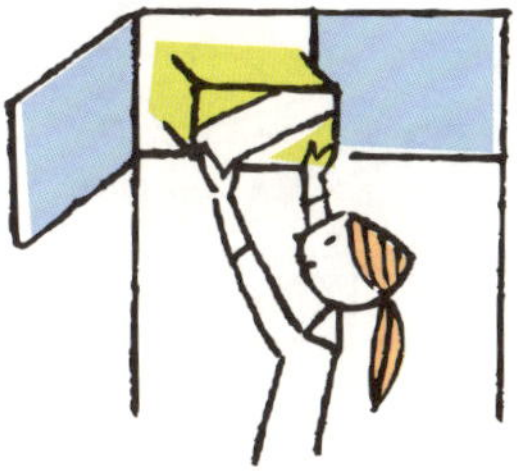

拿出装砂锅的箱子。
有时砂锅箱上还摞着其他箱子，
那就又得加个动作。

3

打开箱子

4

拿出砂锅

5

使用砂锅
（洗一下，擦干）

6

用完装回箱子

7

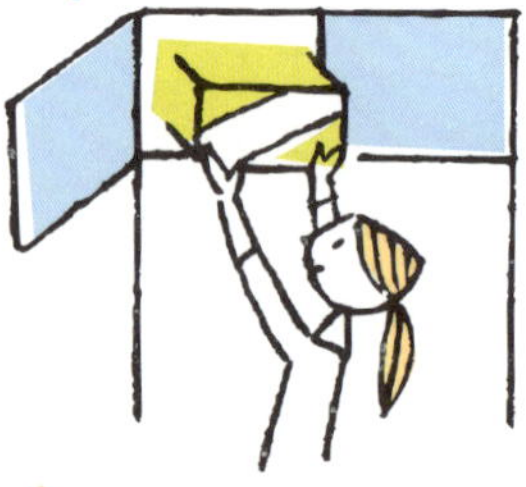

放回橱柜

8

关上橱柜门

即便有这么多烦琐步骤，
很多人还是没觉得怎么样。

不知道你是否感觉到仅仅为了用砂锅，我们花了多少精力。箱子是商家的包装，并不是家里放东西用的。箱子一般可以摞着放（既是长处也是短处），不知不觉间就堆了好几箱。

尤其是经常使用的餐具或工具，要特别注意它们的“动作计数”。整理成一打开抽屉就能一目了然的状态，一伸手就能拿得到。只有精简杂物量才能做到这一点。

一开始的“小麻烦”换来以后的“大省事”

“动作 = 精力”越是消耗得多，人就越感到麻烦。而且如果把本来当时要做的“动作”向后拖延，人就愈加感到头疼麻烦了。

如果这个动作只需要花一点小精力，那一开始就花掉这点小精力来处理这个“小麻烦”。意思是说我们应该在“入口关卡处”就把所有可能产生的麻烦压缩到最小。

比如，买东西附带的袋子或箱子要立刻处理掉。像上面所说的砂锅箱子，还有大袋子里有分装成小袋子的酱汁之类的，也可以直接处理掉大袋子，放好小袋酱汁，用的时候可以少一个从大袋子里掏拿的动作。

囤货的规整法则

用剪刀取出卷纸

放在固定位置

即用即拿

从袋子中取出来

一卷一卷地拿出来易于储存，方便直接拿到厕所使用。
花同样时间的话，那就提前顺手做完。

我会把商标撕下来之后再把瓶子放进冰箱。因为商标有各种不同的颜色。有的人如果看不见商标，那么连瓶子里装的是什么都不知道。话说回来，连里面装的是什么都不知道的东西千万不能塞进冰箱里面。因为处理瓶子时必须撕掉商标，所以一开始就把商标撕掉。

厕纸也同样。我们总是把厕纸连同袋子随手搁在地板上或架子上后就置之不理了，这时候我们就要处理这个“小麻烦”。如果从袋子里面取出来，一卷一卷地摆放好，就不需要乱丢在地上了，而且取用也方便。

还有的人买回来衣服，连标签都不摘掉就直接挂进衣柜里。还有的人从干洗店拿回衣服直接套着塑料防尘膜放进衣柜里。他们总想着“穿的时候摘掉也不迟”，但其实早上匆匆忙忙地赶着上班，哪里会顾得上摘掉标签。而且，干洗店的塑料膜如果不早点摘掉，会让衣服有潮味。

需要断舍离的烦恼

□想当然觉得“家务活动路线应该尽可能短”。

□妨碍拿取的箱子、标签、包装。

□自以为“必需品”的家具、家电。

我们看到了很多不知何时成为“正确的家务常识”的例子，让大家偏偏选择辛苦的方式去做家务，偏偏为毫无价值的事情努力。撇开这些所谓的“家务常识”，你是否会感到心情轻松一点?

下一章将进入晚家务、早家务、周末家务的内容，一起来看一下具体的“流程”和关键点吧。

第二章

从晚上 6 点开始的“晚家务”

从“我回来喽”开始
轻松灵活的家务安排

“晚家务”守则

欢迎回来。

很多白天外出的人主要做家务的时间是在晚上。拖着劳累了一天的身体回到家，无奈地看着一堆家务活，还要思考得从哪件家务事下手好，想想就觉得更累了。很多养孩子的爸爸妈妈特别希望能充分利用好“孩子睡觉前的繁忙时间”。

那么，我们就需要给家务活做个“流程”。

所谓“流程”，并不是“活动路线”，而是时间的安排、家务作业的安排。

拿我自己举个例子。下面是山下英子的“晚家务”安排。

不同的时期有不同的生活状态：和公婆共同生活时，我家三口共同生活时，我一个人独居时……现在是只身一人去外地工作的状态。

山下英子式的“晚家务”流程图

晚上 6 点

保养鞋子
回家的小仪式，简单用布一擦即可。
鞋柜里每层放两双，易通风。

“我回来喽”
想回家，回到那种干净整洁的
自带“欢迎回家”音效的家里。

撑开带雨水的伞
湿伞直接收起来容易发臭、发霉，
要尽早晾干。

回到“welcome 空间”

晚上 6 点，和客户谈话之后回到家。虽然家里没有人，还是大声地自言自语“我回来了”。从这句话的回声中可以听见，家里也在说“欢迎回家”。从一个“令人神清气爽的房间”走出去我们会感到身心舒缓。其实反过来也一样。

进家门之后，脱掉鞋，光着脚，不要穿拖鞋。鞋子上有污迹，就立刻用布擦掉。污迹去得越早，保养起来越方便。鞋上出现潮气时要把鞋子拿出来晒晒，然后再收进鞋盒里。

使用的雨伞要撑开放在客厅里。等雨水潮气蒸发完了再收进鞋柜里，做到“玄关处不放杂物”。

晚上 6 点 10 分

扔？不扔？

信函、快件之类的看完内容，
马上决定扔不扔。
扔，就刺啦刺啦地撕碎扔掉。
不扔，就咔嚓咔嚓地剪开封口收好。

掏空包包

从装满“一整天小故事”的
包包中把东西全部掏出来，
让它好好休息。

零钱盒

检查钱包，
从辛苦一天的钱包中掏出小票、
零用钱，也让钱包好好休息。

今天的包包今天清完

对厨房兼书桌上放着的各种小包裹进行选择取舍。我拿着剪刀，咔嚓咔嚓地剪开包装，看里面是什么东西，然后再换个包裹拆开看。当场做决定要不要包裹里的东西。在一些小包裹、小邮件的信封上唰唰唰地留些折痕，方便读取里面的信件。

怀着“今天包包辛苦了”的感恩心情，把今天带出去的包包里面的东西全部倒入筐子里。清理包包最里面积攒的垃圾，取舍收到的名片。把包包清理得干干净净，再放进衣柜里让它好好休息，为下一次出阵养精蓄锐。

接着就是检查钱包。发票、收据放进记账簿的抽屉，把零钱放进存钱盒里，把银行卡也掏出来收好。

晚上 6 点 30 分

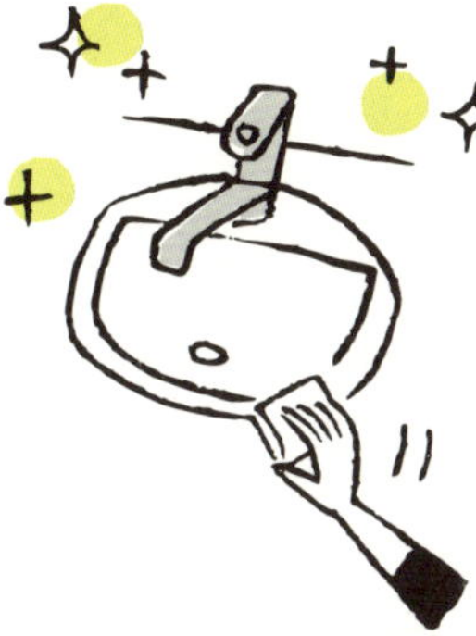

把镜子也擦得亮晶晶

每次洗完手，就顺便擦擦洗漱台。随手擦干净水龙头和镜子。

换上家居服，切换成宅人模式

做家务穿介于制服和睡衣之间的家居服，让在家休息的时间也充实起来。

不需要厕所用拖鞋

果断扔掉不可能每次用厕所都要洗的地垫和拖鞋。

水沫水泡要当场擦干

在洗漱台上洗手、卸妆后神清气爽。溅起的水泡水沫用洗漱台抽屉里的纸巾擦掉。擦完后，依然用这张纸巾擦一下镜子和水龙头，做到“当场擦拭”。

在带壁柜的卧室里换上家居服，把心情从外出模式切换成回家模式。脱下来的衣服放在衣柜里的“通勤服装角”，用衣架挂好。

上厕所时也做到“即用即扫”。拿起放在厕所架子上的厚湿巾，擦一下坐便器，再擦一下地板。为了保养管理方便，不要在厕所放置坐便套、蹭脚垫、拖鞋。

晚上 7 点

今天的简易菜谱
觉得“看起来不错”，
就立刻买来做晚饭的食材。
今天的主角是鳄梨。

幸福“一人餐”
越是一人独居，
就越要找时间犒劳自己。
不要只是喂饱肚子就算了。

不需要沥水架
洗少量碗筷时，
关键是手洗完用纸巾擦干。

晚饭用最爱的餐具

晚饭是五分之三在外面吃，五分之二在家做。基本上是“满桌蔬菜”或是带“配菜”的简单料理。这天买回来好吃的鳄梨，切成大块，再搅拌上切碎的蓝纹奶酪，稍微加点酱油。

吃饭时，盛进最喜欢的九谷烧的瓷碗里，放在盆上，开始“一个人的美餐”。即便没有旁人的眼光，也不会直接吃带包装袋的现成饭菜。吃之前说一声“我开动了”，吃完之后说一声“多谢款待”。

洗完碗筷后，扣倒放在铺好的纸巾上面。厨房的瓜果菜皮垃圾放进小垃圾袋里，封好口。

晚上 9 点

不叠衣服
要叠的只有毛巾。
松松地放在洗漱台下面
的抽屉里。

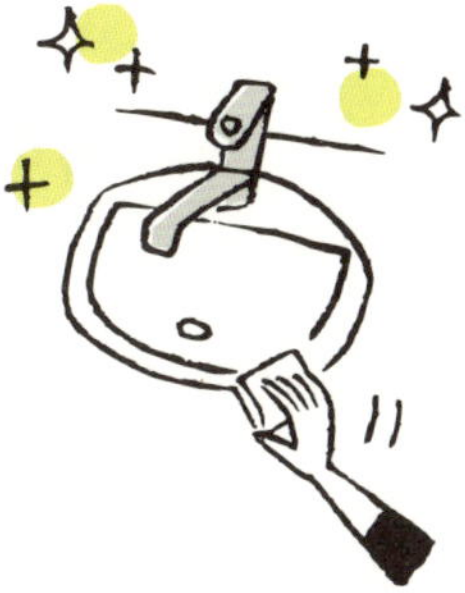

常用的物件用完及时放回原处，
如牙膏、牙刷、洗面奶……
只要有一件东西被丢在洗漱台
上没有被收好，
很快就会有第二件、第三件……

晚上淋浴
为了省事，有时候只冲冲脚。
洗脚还有放松的效果。

简单收拾晾干后的衣物

早上把在浴室烘干的衣物放回衣柜里。像衬衣或者罩衫之类的衣物挂在衣柜里，内衣叠放入不带盖子的衣筐，毛巾放进洗漱台的抽屉里。

刷牙时，用纸巾擦擦洗手台。牙刷、牙膏、洗面奶、化妆品等要全部放进架子的固定位置。不随便乱放。洗漱台上不放杂物，也会迅速完成“每次清洁”。

我喜欢早上洗澡，所以晚上就简单地冲一下身体，或者只洗洗脸和脚。从浴室出来时要注意检查下出水口，并打开排气扇。

晚上 10 点

明日着装角
将明天要穿的衣服挂在
衣柜正前方空出来的横
杆上。

厨房的善后和扔垃圾
现在在公寓的每层楼中
都设有 24 小时可处理垃圾的垃圾场，
太好了。

绝美的睡前“躺着看书”时间
随意躺着看书，有小说还有实用书籍，
与工作相关的书籍，最好不在书房读。

睡前小整理

第二天不慌慌张张赶时间的窍门在于前一天准备好出门的衣服。在脑子里大致过一遍第二天要做的事情，做到心中有数。

另一个睡前必做的事情就是厨房的整理。擦擦扣在纸巾上的碗筷，放回柜子里，再用纸巾擦擦水槽和台面，防止水分残留。把封口的垃圾袋拿到 24 小时都可回收垃圾的公寓垃圾场。

然后，把家居服脱下来换上睡衣。

拿一本自己最喜欢的书，最好不在书房或者客厅读，而是随意躺在床上看。一般不写稿子的时候，差不多看到深夜。该睡觉了，晚安。

维护保养守则

玄关处不放杂物——没有伞架和拖鞋架的空间

玄关是“welcome”空间。当我们下班回到家后，最先来迎接我们的就是“玄关”。我特别注意玄关处“绝不放东西”。

准确地说只放了一个脚垫，铺在玄关处的水泥地上。脚垫连接家里家外，类似一个踏脚石或门帘的作用。

回家之后，在脚垫上脱下鞋子，进入客厅。鞋脏了的话就立刻用布擦干净。鞋面上有潮气，就先在玄关处晾晾再放进鞋柜。

下雨天，先把伞撑在客厅晾干，也可以放在玄关通道或者房檐下。不过我家是内部带楼梯的复式公寓，在客厅就能晾晒。晾干伞之后，就放进鞋柜里的伞盒中。玄关没有伞架。只有一把雨伞，有时也多拿一把折叠伞。

在家总是光着脚走路，不穿拖鞋，还跟客人说可以赤脚进门。不穿拖鞋，所以不用放拖鞋架。

虽然公寓面积不大，但总是有客人赞叹说“好宽敞呀”。

这是因为没有杂物。在不丹菜市场买的色彩艳丽的三合土脚垫是家里唯一的色彩点缀。除此以外，没有什么东西需要特别进行管理保养。而且这个脚垫是每三个月才去干洗一下。

一人独居和多人共同住在一起的生活是不一样的。人越多东西就越多。那么，是不是可以说鞋子多得鞋柜里都放不下，乱堆在玄关也是没办法的办法呢？

不是，仔细观察一下你会发现，自己现在穿的鞋基本上都没放进鞋柜，而是乱摆在地上。而鞋柜里基本上都是没放在显眼处的鞋子，还有那些被遗忘、变得不被需要、永远没有出场机会的鞋子。伞也一样。各种各样的伞密密麻麻地摆在伞架上，比家里人还多。还有几把塑料伞找不到主人。拖鞋架上塞着拖鞋，鞋柜里塞满旧鞋。大衣架上挂着大衣、帽子、围巾、包包。脚底也堆满了孩子的溜冰鞋等玩具。

这种玄关完全没有它本身的“welcome”的意义。

你回到家想看见什么样的玄关呢？

不放鞋子的玄关

没有摆鞋子的玄关

回家后，把修整好的鞋子放入鞋柜，玄关的地面上放着一张脚垫。

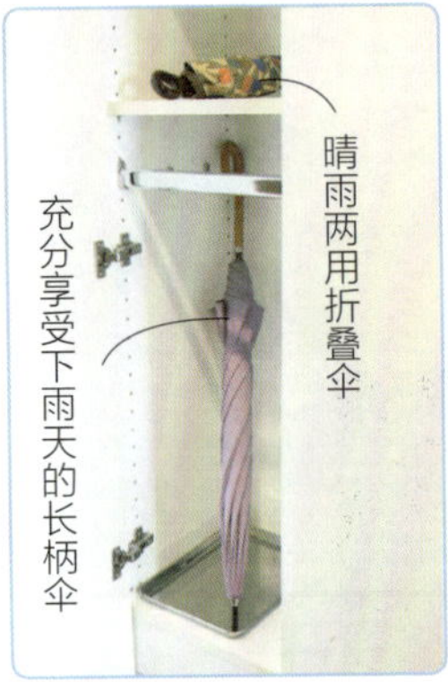

长柄伞一把、折叠伞一把
看见塞满各种雨伞的伞架
总是忍不住感到呼吸困难，
我家的伞全部放在鞋柜旁边的架子上。

鞋柜里每一层放两双鞋
很喜欢露脚趾的后跟高 7 厘米的浅口皮鞋。把它们像商场的鞋子一样展示在鞋柜中。

纸质类要即读即处理——不拖延

回家后，检查信筒，总有几封信或者明信片。随便瞅瞅，先存起来之后再细看。这样只会让各种邮件越积越多。“先存着之后再看”这个想法浮现的一瞬间已经被举红牌了。

正确的做法是：随手拆开看看，当场做决定扔不扔。

但是，为什么我们总是想先存着之后再细看呢？

没时间所以之后再看。

打算之后认真整理。

这么想着想着，这些纸质的邮件不知何时就堆成了小山，也不知何时山就会塌下来。

“之后再做”就等于“集中再做”，等于我喊了很多次不要做的“集中做家务”。“集中再做”也就是推后再做判断。一般来说，人人都有拖延的潜质。不在现在下判断，不做决定就会辛苦。

邮件包裹是一些本来家里没有、被人任意送到家的东西。但奇怪的是，没看见它们的时候，我们不觉得它们推荐的东西很有必要，但当我们看见的时候，会下意识地把这些东西当作必需品。这里面甚至有不少假货山寨品。

邮购广告册就是这类典型。

打开这本“不速之客”后，边翻边觉得这里的东西确实有自己需要的。脑子里面蹦出很多想法——哎，这个东西我原先就准备买呢。这种现象叫作“拉布拉多脑”的表现。

我们往往不是想要什么东西才去买，而是为了买东西去找东西买。希望以后能为买东西找到理由。

那应该怎么做呢？最好是看见邮购的信件广告，拆开翻一下，然后立刻扔掉，忘记这回事就可以了。

也有人不拆开看直接扔掉。如果你愿意的话，拆开看看后扔掉也没关系。不过，只要一翻，脑子会自动浮现想买这个想要那个。因此，这时候一定要提醒自己“只不过是看见了这个东西才觉得想要罢了，其实自己并不需要”。

深吸一口气，告诉自己“我原本就不想要这个东西的”，然后把它扔进垃圾桶。如果看了之后觉得有必要的话，留下来也没关系。

我也保留着某些邮购小册子没有扔。都是些小地方的美食目录，是之前订购过东西的商家新寄过来的。

保存这些邮购件的东西有个窍门，就是把邮件袋用剪刀剪开后放好。这样想看的时候一下子就能取出来看。

邮购袋的封口有胶水，拿出广告册时容易黏住页面。所以先把东西取出来，剪掉封口的胶水部分，看起来比较麻烦，其实是为了下一次看的时候方便拿取。

我觉得剪刀真是个伟大的发明。用剪刀裁剪和直接用手撕，方便程度和切口的美观度真是天差地别。

剪刀是件好宝贝，简直可以每个房间都准备一把。

保存的信函快件，坚持易看好取主义

把东西拿出来

咔嚓咔嚓
剪掉胶水部分

易看！好拿！

信封口剪成波浪形

用来装邮件信函的信封大胆地用剪刀剪下封口。有截止日期的文件也能马上发现，称得上是个提醒装置。

包包里的东西通通放进筐子
——“是否是自己需要的东西，一目了然”

外出一天，带出去的包包仿佛变成了垃圾箱。一回到家我就马上把包包里的东西全部清空。

打开包包，清掉垃圾，把里面的东西全部收拾到筐子里。包括刚刚认识的人的名片、新的策划资料、刚刚出版的新刊物……边收拾还能边回想一下今天我做了什么事情。

俯视包包，也能综合审视所有事物。比如发现文具快用完了，就进行补充；注意到其实自己没必要带化妆小包，因为我不化妆。

也能防止自己忘东西。

第二天，无论是用同一个包，还是换个包包，都从筐子里将物品原路搬回包包。用不着为了找东西而慌里慌张。

钱包也一样，回到家看看钱包里的东西。收集的票据等放进书房的票据夹里保存。虽然不记账，但为了核算开支也保留着小票。

养成每天掏空包包的习惯

回忆这一天的事情

一个一个地把包包中的东西全部放进筐筐中。算是回家后小段的单人仪式。

只放要用的卡

最近开始用的长皮革钱包。除了现金只有一张银行卡、两张信用卡、PASMO（交通卡）和保险证。

零钱全部从钱包中取出，存起来。

存多了说不定可以去泡泡温泉。

这样一来，包包清空，钱包也减重了。无声地告诉它们“今天辛苦了”，让它们也喘口气休息一下。

像包包和钱包我常会定期更换。

我特别喜欢各式各样的包包，很多包包是在旅途中一眼看中买下来的。不过，手里的包包数量会做个“总量限制”——通常都是 5 ~ 6 个，再加上 2 个手提行李箱。如果超过了这个数量，就会马上为它找个“婆家”嫁出去。

钱包使用周期大约是 1 年。

钱包是钱的窝，所以要常常通风换气，有出才有进。

对零碎物件进行“集中式管理”——不要备存太多文具

你是不是曾经在家翻箱倒柜地找，发现“确实买过的干电池找不到了”。干电池是大家经常用却没有固定放置地方的东西。

从家务的活动场所来看，把干电池放在“使用电池”的地方看起来是比较方便的。但是厨房、客厅、洗漱台等很多地方会用到干电池，每个地方都放的话，来回找，也会经常找不到。

因此，只能指定唯一一个地方放干电池。这就是“集中式管理”。

当我们没有目的地，东一榔头西一棒槌地找东西时，心情一定不怎么好。但当目的地明确，径直走过去就能拿到东西时，这种心情肯定大不相同。

我的干电池的特定席位就是玄关的架子，电池和灯泡一起放在加装的玄关抽屉里。

旁边的抽屉里是点火器和打火机。柜子里还存放着厕纸、纸巾、防灾用的矿泉水、手电筒、灯、透明胶、绝缘胶带、透明胶布、五金工具等。

也就是说，所有的日常用品都在这个柜子里进行“集中式管理”。尤其是为灾害或停电时备用的应急用品，集中放在防灾玄关附近比较放心。

文具用品都在书房的抽屉里进行“集中式管理”。特别是橡皮、墨水等零碎物件，很多人喜欢用标签化进行管理，其实没必要。再怎么细化分类，东西的功能是不变的。

断舍离的系统建立，让我们可以不进行细致分类，也能顺利完成工作。

这种“集中式管理”可以让人“俯瞰”抽屉，对内容一目了然。同时也要求我们精选抽屉里存货的内容和数量。我定下的“总量”是一支圆珠笔、三支签字笔、一卷透明胶带、五个便签。

很多人存了像小山一样的文具，导致很多没有出场机会的无用藏品。成堆的圆珠笔里混着几支签字笔，用的时候找不到只好又跑去商店买。

自己有什么东西都能一目了然、一清二楚，这才是断舍离的应有之态。

去掉盖子，放在指定位置
毫不费力地取出东西的布局

打开柜门，随用随拿

去掉螺丝刀收纳盒的盖子，随用随拿即可。玄关的柜子里放着防灾用品以及日常用品的库存，大致分类后进行“集中管理”。

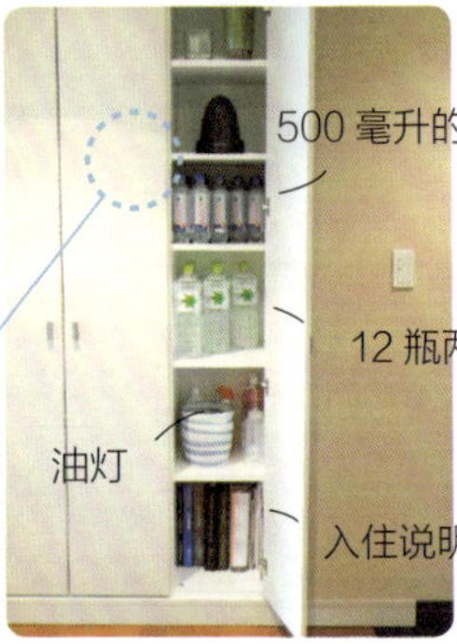

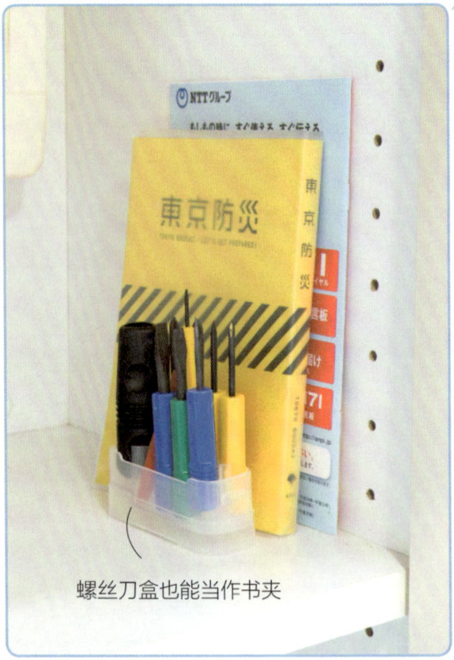

防灾用品的水准备 12 瓶

用于应急的东西只准备了水。食物在冰箱和冰柜里存放。坚持“72 小时”努力自救，思考之后的措施。

文具进行集中式管理

书房柜子的抽屉是文具的专用地。备用的文具这么少会不会不够用？没关系。每次补货时再检查数量就够了。

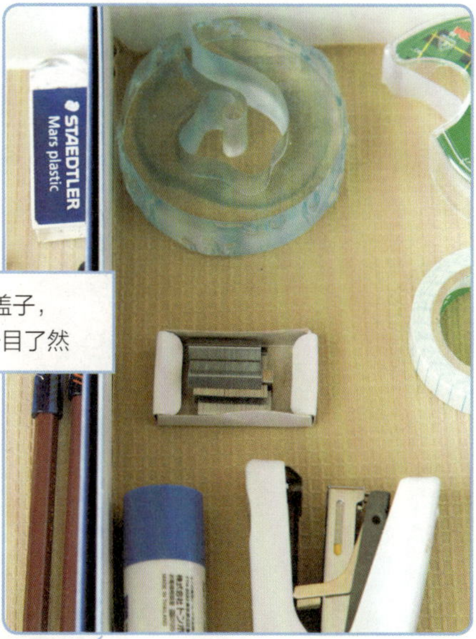

去掉盖子，
里面一目了然

订书针也做到随用随拿

有人觉得没有盖子不好，其实主要因为库存太多罢了。换订书针的时间比较不固定，所以尽量做到随用随拿。

能立刻知道什么东西放在什么地方！无盖收纳，一触式成为可能

小巧的针线盒

人们常常把针线盒做得很大

没必要，有些家庭会大量使用白线。钉扣子和改短裤边裙边之类的针线活，这种大小的盒子正好合适。

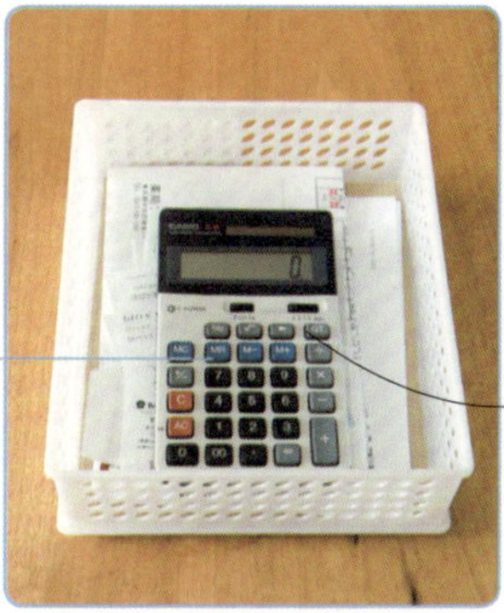

家庭开支用的收据发票放在这里

每天把钱包里的收据或与开支相关的东西保存在这个盒子中，定期送给受委托的税务人员。

也能当镇纸
一物两用

集满盒子后去银行
换成纸币

存得越来越多的零用钱

回家后照例检查钱包，掏出零钱，放入这个小存钱盒。也不是为了存钱，就是一个小乐趣。

让人恢复元气的钥匙挂件

在亚洲的小市场中一眼就看中的小挂件。鲜艳的颜色和奇特的形状特别能刺激交感神经。

在包里很容易找见

料理守则

不想做饭是怎么回事？
——从打造一个愿意走进去的做饭空间开始

听到很多主妇（夫）抱怨道：

“做饭真麻烦。”

“考虑做什么饭太费脑子了。”

但是该做饭时她（他）们还是硬着头皮去做，因为家里人正饿着肚子翘首以盼呢。也许做饭真成了一些人的心理负担。

这本书并不是教大家“掌握某个小技能就能即刻提高做饭水平”，而是要改变大家对“做饭”的初衷和认识。

其实，主妇（夫）们所抱怨的“真麻烦”“太费脑子”“不愿意做”的情绪后面隐藏着对于做饭本身抱有“这是个作业”“这是个义务”“不得不做”的深层情绪和认识。

那我们如何才能找到“想吃的饭菜”，如何才能“愿意主动去做饭”呢？

之前我说过家务的基本做法是分散做家务。做饭也一样，时刻契合当时的心情和状态来行动才重要。假如能意识到人本是一种心绪变化无常的动物，就不会再冲动地“一下子把一个星期的用量全买下来”。

除此之外，还有适用于专业料理人的超大量的食材和调味料也是家庭主妇的盲区。一旦被“超省钱！超优惠！”的噱头吸引住，只会让存货越多，浪费越多。这些东西要设定一个囤货“上限”，要适量。

另外，也不要“提前准备好饭菜”，这也是“集中做家务”的一种表现。“提前准备以后的饭菜”说白了就是认为“有剩余食材，干脆多做一些吧”或者“还有时间，再多做些吧”。

“集中买东西”和“提前做好饭菜”导致的后果就是厨房会被各种各样的东西占满。台面上乱七八糟，冰箱里挨挨挤挤，同时洗碗池里堆满了碗筷。你想想谁愿意站在这种厨房做饭？肯定嫌弃地不愿意踏进去。

因此，打造一个“人愿意进去做饭”的厨房的第一个条件是减少物件。不堆放多余的杂物，不集中多个任务。

厨房台面上整洁干净，不摆杂物；冰箱里面的食材一目了然，这样人才会有食欲，这样才会有动力卷起袖子做一席“美味大餐”。

冰箱里的东西要“一目了然”
——不用购物塑料袋包装食材

请大家打开家里的冰箱门看看。

里面有什么食材？有多大量？

食材或调味料是不是“看一眼就明白”？

很多人经常是把食材连同超市塑料袋一起塞进冰箱。蔬菜也是连同塑料袋一起放进蔬菜盒中。也许购物袋大小与蔬菜大小正合适，但打开蔬菜盒，如果东西都挤在一起，那便分不清是萝卜还是白菜。

另外，有些超市还配有比购物袋更薄的透明塑料袋，为的是提回去的时候防止食材溢出或者漏汤汁。食材放进冰箱时，这种透明袋已经没用了。带托盘或包装盒的肉或者鱼类，要把盒子折成更方便看清楚和拿取的状态再放进冰箱里。

买东西回到家就马上从购物袋或透明袋里把食材通通拿出来。这个“小麻烦”可以省去以后的“大麻烦”——冰箱里的东西一目了然，而且拿取方便。

我是把蔬菜转移到密封保鲜袋里。鸡蛋则是从购物袋里拿出来，像橘子一样堆放在盆子里。

调味料也是“随用随买”。常备的调味料有酱油、食盐、豆酱、调料酒、白酒等，另外还有配合烧的菜而买的必要调料。

有些人的家里，厨房像饭店的后厨一般摆着一溜儿调味料。平常会用到什么泡打粉吗？囤的很多食材或调味料最后都会用不完扔掉。一旦习惯“集中购买”或“提前做好饭菜”，我们的大脑就懒得去思考了。同时，感受性和敏感度也会降低。

冰箱里的食材原则是“能一下子拿出来”，因此，冰箱里的东西要做到一目了然。如果食材被塞进冰箱最里面，看不见就会忘记。结果就会导致东西买重。

冰箱里面有什么东西、东西够不够，这些情况如果掌握不好，就要立刻“断舍离”。

冰箱中的瓶瓶罐罐
尽量不带什么花哨颜色

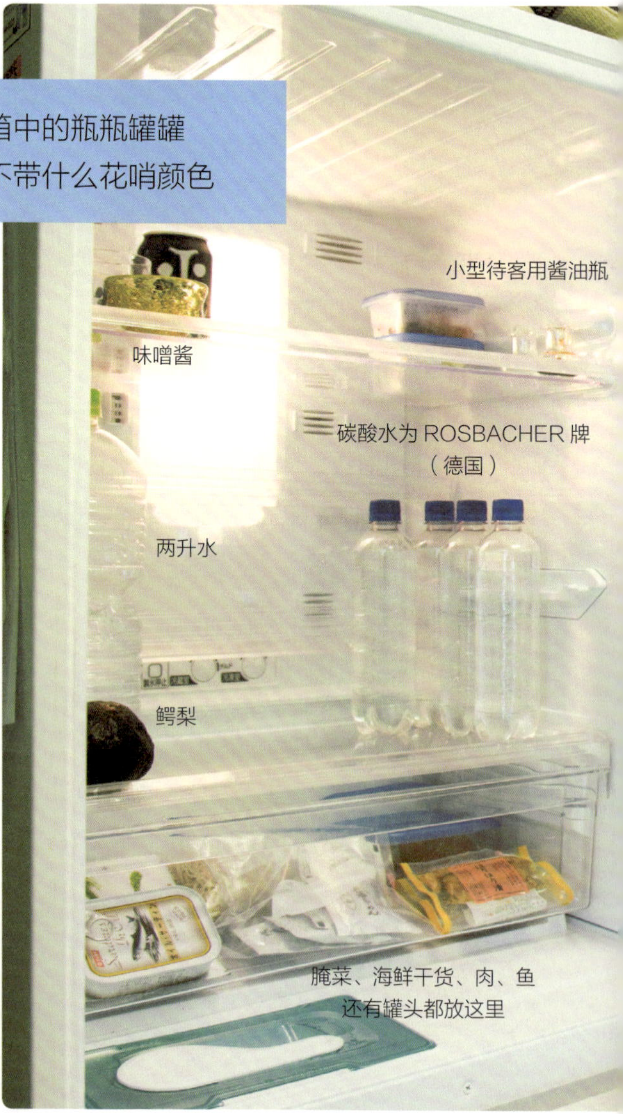

摆满鲜美食材的冰箱

像装食材的塑料瓶上的包装纸、商标之类的在第一时间就撕下来扔掉。除了给客人喝的碳酸饮料等。调味料和海鲜干货放在冰箱里集中管理。

调味料也进行“集中式管理”

对常用物件进行“集中式管理”

从包装袋中取出下水道滤网

厨房下水道用的滤网要从包装袋中取出放入透明盒中，放在水池上的架子上。

无须带盖的容器
——方便拿取的透明袋

保鲜盒之类的密封容器是非常方便的，不知道你家放着几个保鲜盒？

我听说很多人家里的保鲜盒都是大的套小的，小的套更小的。如果有 100 多个保鲜盒，那就需要专用收纳空间来放置这 100 多个盒子。

我为了不让这种密封容器增多，特意把东西保管在冰箱里。规定好保鲜盒的数量，小保鲜盒只用 10 个（Ziploc[3] 制品），大保鲜盒只用 5 个。以前是用保鲜盒装饭菜，放进冰箱冷冻。现在对保鲜密封盒进行了“断舍离”，改为Ziploc制造的密封袋。因为，保鲜盒有盖子，不能一下子拿出里面的食材。而且用保鲜盒可以上下摞起来，特别容易堆积食物。

前几天，我去一位学员家观察了一下厨房情况。

冰箱里面放着在百元店买的两层可抽拉搁物板。一般是

3. Ziploc：密保诺（Ziploc）是美国庄臣父子公司（SC Johnson & Son Inc.）旗下的密实袋品牌。

打开冰箱，抽出搁物板，拿出里面的东西。

我看到她打开冰箱后，直接把手伸进里面拿出了食材。

这个过程中她没有抽出搁物板而直接完成了，也就是说搁物板是不必要的。虽然这个搁物板的广告宣传词是“收纳托盘，能抽出来取东西，超方便！”但实际上，我没见她用过这个“抽拉”功能。

很多人是在冰箱前面来回走动作业，那可以干脆选择薄款冰箱。

因此，我爱用密封袋代替保鲜盒。基本上是即拿即用，也可以用完扔掉。也有人洗洗密封袋重复利用，不过用过的袋子再清洗、晾干也会花精力，本来用这个袋子是为了减少麻烦的。

大米、小米也用密封袋保存。我一般是买 4 斤米先放在大的密封袋里，量越用越少就换成小袋子。

我家的冰箱门两侧的抽屉里插着 8 个强力夹，这些夹子用来封口一些未用完的袋装食材。一打开冰箱门，这些夹子就清楚地告诉我哪些东西是未用完的或者吃了一半的。

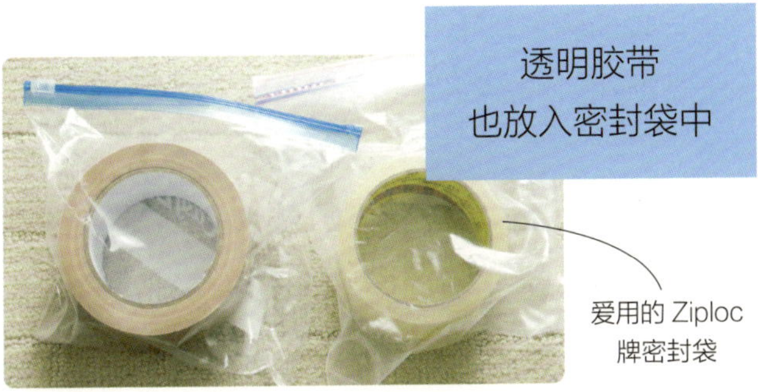

透明胶带也放入密封袋中

密封袋不仅可以用在冰箱中，透明胶带也可以放进去避免发黏。毫无压力。

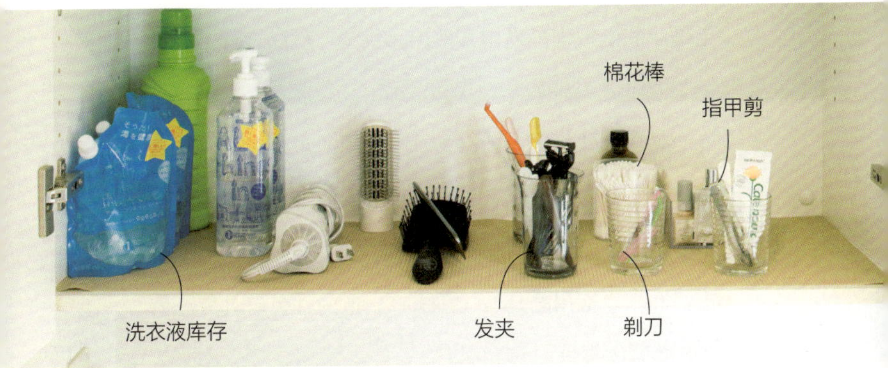

洗漱台处也做到随用随拿

洗漱用的各种小物件都一目了然地摆放在洗衣机上面的架子上。按类别装入不同的透明玻璃杯中，可以马上实现“一触式使用”。把容易丢失的梳子和刷子收在一起。

厨房台面的杂物控制在最少量
——视野范围内的煮锅和平底锅

以前在一本杂志上看过介绍英国厨房的一篇文章。文章中有个醒目的广告语“台面上只放一个水壶”，这句话对我触动很大。

现在我家的厨房台面上只有茶具套装、装饰用的容器、新蒸汽烤面包机，然后就是水壶。零碎的物件收进抽屉，碗筷餐具收进柜子。

电磁炉和电饭锅可以用其他用具代替，所以进行了“断舍离”。

有个词叫作“用之美”，意思是好用的东西经由风霜雨雪千锤百炼之后会自然带有一种美。我选择厨具的关键就在于此。视觉上的美感即是正解。

煮锅和平底锅用的是 Le Creuset[4] 制造的红色厨具。红色据说可以增加食欲。

包括标准大小的煮锅、稍微大一点的椭圆形锅、稍微小

4.Le Creuset：1925年成立的知名法国厨具品牌，国内也称为“酷彩”。

一点的煮米锅，还有平底锅 4 个。它们都放在燃气台下的抽屉里，一目了然，易取易拿。每个锅下面垫个垫子（NITORI 制造的垫子），隔出空“间”。因为数量有限，所以这么做也没问题。抽屉里没有什么不用的锅或者用起来不顺手的锅。

为了心情愉快地在厨房做饭，重要的不是考虑活动路线，而是考虑动作（精力）的消耗。

用 Le Creuset 的时候，打开抽屉，直接拿出厨具。炒完饭菜之后直接端到餐桌上。拥有“用之美”的料理用具不仅仅是样式美观，而且有烹饪的便利性以及增强美味度的功能。

让人想一展厨艺的厨房

有可爱的水壶、碗盘、茶具等小玩意点缀的厨房，绝对让人有“好，我要一展厨艺喽”的冲动。害怕煮饭，怕麻烦的人可以试着从“减少厨房杂物”开始。

大勺和铲子放在从台面和燃灶台上一下子就可以拿出来的柜子里进行“集中式管理”。

很多人会把这些料理厨具挂在厨房的某处，我其实不太喜欢吊挂着很多东西的空间。

我家的厨房垂吊的东西只有小切板、防烫垫布和剪刀。

如果东西不多，这种“垂吊感”还是挺有趣的。

同样，取碗筷的原则也是“几乎一把能拿取”。因此，要限制碗筷的数量。我只保留喜欢的东西，对自家厨房的每个碗、每只杯子都怀有感情。

要实现随用随拿的便利性，关键是尽量不叠放餐具。如果必须叠放同类型的餐具，也要尽可能地少量叠放。叠放得越多，行动精力和时间消耗就越大。长此以往，就会出现小盘子被当作底垫放在大盘子下面的惋惜情况。

请把餐具和厨具展示在橱柜里吧，就像摆放在商店里的商品一样，注意每个商品之间有合适的“间距”，这不仅看起来美观整洁，方便程度也会明显升级。

厨房中的有爱小玩意

能饮一杯否？

厨房的一角摆着一套茶具。因为我常去中国大陆和中国台湾，有机会碰到各种各样的香茶。我通常会加点蜂蜜在茶里。味道会更好。

新来的厨房家电

把咖啡机断舍离后，入手了一台烤面包的专用烤箱。因为除了面包，还想吃烤饼。

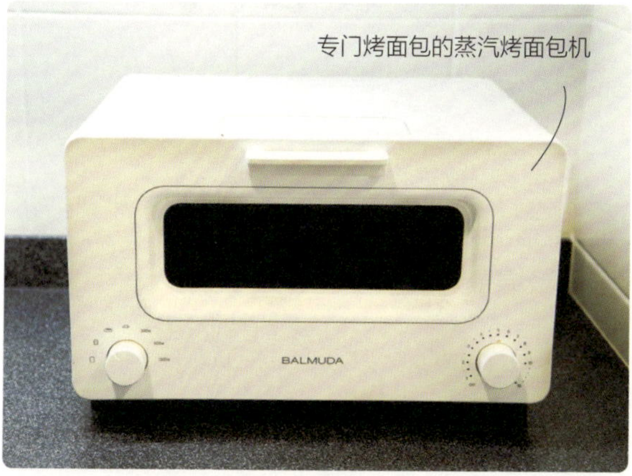

简单食谱

不需要菜单的配菜料理

料理的概念是“简单美味”。搭配豪华配菜。
我从不需要什么菜单，而是交给我的“食之感应器”。
现在的我想吃什么？
或者（有客人的时候）想一起吃点什么？
在这个前提下，就和冰箱里的食材“聊一聊”，
如果恰好对胃口，就立刻开始煮饭。
否则便上街去买菜。
同样在商店也要询问自己。
我的客人大为称赞的是下面这道菜。

蒸煮圆白菜，配点腌制沙丁鱼

食谱

1. 洗净切碎圆白菜，铺在锅中。

2. 将罐头中的沙丁鱼分散在白菜上，蒸 15 分钟，用盐、胡椒、清酒来调味。

3. 撒上作料（荷兰芹等），直接端锅（Le Creuset）上桌。

很简单吧。不用烤箱，只需要蒸蒸即可。

这道菜里的食材代表一切。买来新鲜的圆白菜，好做又好吃。沙丁鱼罐头不要买便宜的，选一款味道好的来用，因为“鲜”是食材的命。

一位朋友说过：

“经常做清煮扇贝和胡萝卜色拉，一旦买些便宜的扇贝来煮的话，菜会变得超级难吃。为了省 100 日元，却毁了一道大菜，得不偿失。”

我的料理宗旨是“食，讲究的不是别的，而是选材和搭配”。撒上作料后，款待客人的色香味俱全的菜就完成了。

多余的葱、姜切碎后放入冰箱保存。不用专门为配菜而买的，可以用剩下的调味品。

这些调味品长时间搁置在冰箱里的话，会出现霜渣，因此要尽早使用。实在用不完的，要及时处理掉，不要勉强使用。

虽然用不完食材会有浪费粮食的罪恶感，但这也属于断舍离所反对的“提前做好”的一类。尽管把它当作用不完的东西，也没关系。我们有必要摆脱“东西必须用得干干净净”的幻觉。

除此以外，我还存有“秋葵、香菜、岩烧海苔、鲣鱼干”等各种各样的调味品。把这些调味配料撒在豆腐上，就可以立刻做出一道别致的菜。冷面上堆着冒尖的配菜也是我喜欢的吃法。

直接将蔬菜“整个儿煮”“整个儿炒”“整个儿蒸”

我既喜欢把蔬菜切碎做配菜，也喜欢直接把整棵蔬菜单独烹饪。比如：芦笋、秋葵、香葱……整个儿烹饪后，在中间滴几滴酱油，既美味又美观。

烹饪方法也比较简单，或炒、或蒸、或煮、或直接上桌。也可配点肉。无论是日本风、中国风，还是西洋风，随时可以变身成各种风格的菜肴。

因此，关键是用新鲜的蔬菜。再研究一下作为点缀的奶油、盐、胡椒。整道菜的味道和卖相会一下子提高。

蔬菜的单品料理，我首推的是葱。

炖大块葱，培根风味

食谱

1. 将一根标致的大葱横切成 5cm 的小段（下仁田葱真是绝美）。
2. 放半锅水，用清汤煮大葱。
3. 煮好后撒上培根碎。

做起来很简单吧，其实尝起来也很美味。

“山下英子牌的炖大块葱，培根风味。”给自己的每道菜都起个有趣的名字也是一种乐趣。甚至可以作个俳句，添点风雅。

此外，还有其他好吃的料理。大家知道，我的调味料基本上是酱油。

蔬菜单品的料理食谱

秋葵拌豆腐皮

在热水中加一勺盐，将秋葵稍稍过下水后，捞出来拌上豆腐皮，洒上酱油（高汤酱油味道更鲜美）。

酱油芦笋

把芦笋在放入一勺盐的热水里过一下，加上点酱油（直接品尝蔬菜的鲜味）。

番茄浓汤

将番茄切成 4 等份，用清汤煮烂后变成番茄汤（番茄汁的美味）。

烤辣椒

将红、黄、橙色的辣椒切成薄片，铺在铁板上烤制，烤好后洒上酱油。

蓝纹奶酪拌鳄梨

鳄梨切成大块，拌上蓝纹奶酪块，洒上酱油。

纳豆梅干

小颗粒的纳豆拌上稍微大一点的碎块梅肉，搭配点秋葵和大葱做配料。

整烧芦笋

芦笋拌上意大利干酪，洒上橄榄油，加上点胡椒盐，炒制即可。

烤青椒

在青椒上洒上点橄榄油，用烤箱烤热即可（这也是蔬菜本身的味道）。

裙带色拉

裙带菜上洒上芝麻油和橙汁调配即可。

善后守则

“用完后立刻收拾”是基本原则
——让“过程”保持流畅，不停滞

吃完食物、喝完饮料、用完工具之后要立刻收拾。但是这种“善始善终”却出乎意料地很难做好。我遇见的基本上都是“善始不善终”。

多次亲眼看到的“不善终”的情景之一就是飞机上借用毛毯后的处置。很多人把毛毯随便皱皱巴巴地扔在座位上就扬长而去。至少也要折叠一下，可是很多人这点工夫也不愿意浪费。

叠放整齐的情况不多。

还有，新干线的厕所垃圾篓里用过的厕纸堆成山，快溢出来了。我已经见怪不怪地将纸丢进马桶，“哗啦”冲下去再推开门出去。

因为经常去中国出差，我发现中国人不会把厕纸扔进马桶，而是扔进垃圾篓。可能因为水质偏硬，厕纸不易溶解的缘故吧，所以每次看见垃圾篓里垃圾成山的场景，只能用“灾难”来形容。

当然，日本在这些事情上也是半斤八两。

日本只不过保养管理的次数多，保洁人员多次清扫，所以才不显得过于脏乱差，但是其实都一样。

最重要的是不让其延迟保养管理。

请大家牢记：没有任何一件家务活是集中起来做是最好的，也没有任何一件家务活是推迟之后做是最好的。

当然，人有惰性，会堆积东西，会有拖延症。而将堆积和拖延的事情尽早处置，让空间恢复到顺畅流动状态的正是“断舍离”。

用纸巾擦餐具
——一般是用过就扔掉，擦得快，擦得干净

吃完饭收拾厨房的家务活，很多人觉得太麻烦，都不喜欢，

甚至想吃完下一顿集中收拾。其实这时正需要“分散做家务”来帮我们减少麻烦。

趁着煮饭的间隙洗盘子，不用的厨具迅速洗干净。

每次用完餐具立刻收拾，会减少之后收拾的麻烦。两三个盘子洗起来虽麻烦，可一旦在洗碗槽里堆成小山，麻烦和困难度会猛然提升。因为集中起来做家务，会让家务活变成困难作业。

有人说自己用洗碗机，“碗筷可以集中起来后再按 start（开始）键完事”。这种说法看起来合理，但实质上也是“集中做家务”。因此，所谓“趁着电费很便宜，用个洗碗机，省了 20 日元”的小心思只会显得窘迫，是错误的“节约”。

把餐具扔在洗碗机里搁置的时间，即“等待时间 =waiting”会给我们造成压力。少量的餐具可以立刻哗哗哗地洗干净收拾好，让整个家务活“流畅”起来。

为“分散做家务”加油鼓劲的工具是纸巾。洗完餐具后不用沥水架，而是用纸巾擦干。沥水架上堆很多碗、筷、盘、杯子的样子会显得不美观。

以下是收拾餐具的顺序：

1. 先在洗碗槽的旁边铺好纸巾。

2. 洗好的碗筷放在纸巾上沥水。

3. 沥水之后，用新纸巾擦拭后放回橱柜。

先意识到纸巾是“临时放置在那里的”，然后再把餐具收拾进橱柜。

从台面到水槽，用纸巾全部擦干净。擦完之后直接丢进垃圾桶。用过之后就扔掉的纸巾就是这么方便。

我家的“清扫・擦拭・刷洗”的工作基本上都用一次性的东西。

洗碗用的海绵也是用两到三天后就换新的。

海绵特别容易滋生细菌。

绝不能一直坚持用到破、用到脏。

不用擦桌布、擦碗布、抹布。婆婆总是用完抹布后立刻要洗抹布。如果不用抹布，换成一次性的纸巾会很省事。

这种“善后”用的擦布类东西也要进行善后，既要清洗，又要消毒，还要晾干，花工夫，又占地方，看起来还不美观。从清洁度来看，纸巾比抹布类要干净得多。

纸巾要放在“想用的时候，能立刻拿到手”的洗碗槽下或洗漱台下等地方。备用品放在玄关的架子上进行“集中式管理”。

善后工作要清爽、整洁

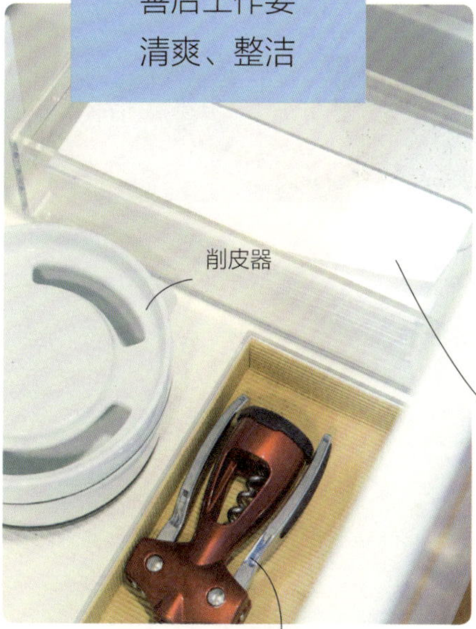

绿色环保的多功能洗涤剂
天然植物提取的洗涤剂“松之力”。
这个也能用于清洗食物。

随时利用纸巾
厨房中的劳动明星就是纸巾。
放在水池下的抽屉里的透明盒中。
准备随时出场。

方便活动的空间
碗筷沥水完毕后，用纸巾擦干放回原位。

坐垫、地垫、脚垫
——不知何时被塞过来的杂物

我家没有厕所用拖鞋，但因为来家的客人会找拖鞋穿，所以只在有人来家做客时准备好拖鞋。厕所干干净净的话，也没有必要穿拖鞋。

厕所用拖鞋是以前老式的、经常湿漉漉的在厕所里用的拖鞋。但现在厕所都安装冲水式马桶，所以没有必要准备。

据说学校出现大规模流行性感冒的原因之一也在于厕所用拖鞋。以前，人们打扫厕所时总是从其他地方吭哧吭哧地来回打好几桶水去清洗厕所。而等变成了干布打扫厕所后，也就是马桶变成冲水式后，也就抑制了流行性感冒的发生。

厕所的拖鞋打理起来也很麻烦。拖鞋变脏了，说明厕所地面变脏了。尤其是坐便垫子、厕所地垫。要把它们打理好是极为困难的。

因为玄关地毯和厨房地毯之类的打理起来很辛苦，所以没有用。我不知道为什么很多人一定要在阳台、厨房等出入口放脚垫。

地垫之类的东西是思维懒惰的反映，直接沿袭父母一代的做法，只会消耗更多保养维护所需的体力和精力，只会为打扫房间制造障碍物。也就是说，“以物品为标准”的“物质轴”思维在这个过程中会得到形成和强化。

之前也反复说到过：一件物品，不仅指物品本身，还有附带的时间、空间和精力。因此，减少杂物就相当于重新获得了时间、空间和精力。

台面上干净轻松的空间

享受“放松”一刻

厕所的柜子上摆着我在秘鲁小巷拐角处买下的画，还有别具当地风格的趣味小摆件。享受轻松一刻。摆件的故事还能成为与客人的谈资，时不时还能换个布局，换个心情。

地板上没有任何杂物的整洁空间

不放地垫或拖鞋的话，厕所就马上宽敞起来。随用随擦，上完厕所后，顺手用湿巾擦擦马桶四周、地板，甚至马桶内侧。

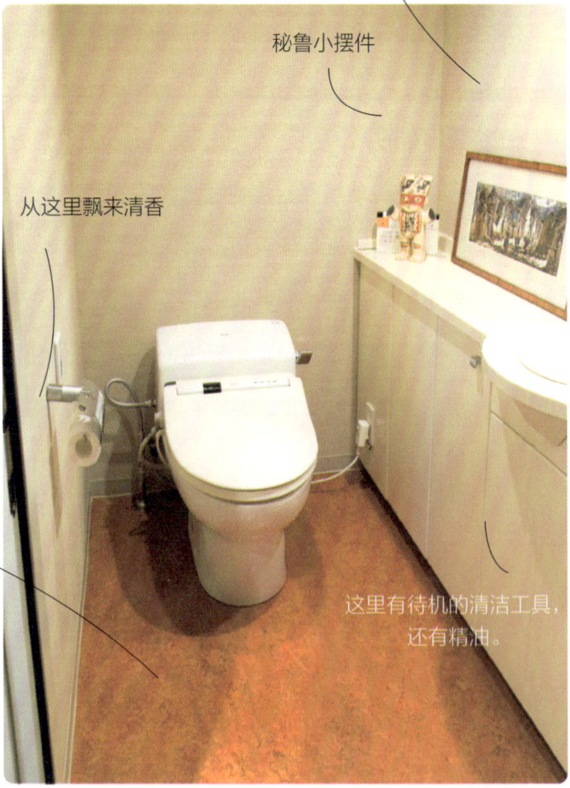

垃圾袋，多多益善
——抛掉“满箱思维”

大家一般什么时候会扔掉超市的塑料袋呢?

想必很多人会说：“不扔，反正总会有用的。”

也有很多人耐心地把购物袋折成三角形，叠放着囤起来。

的确，把购物袋当作垃圾袋用很方便。尤其是装食材的塑料袋，里面多少有点脏，正好用来当厨房的垃圾袋。换句话说，带回家的购物袋在家的停留时间并不长。

因此，家里的购物袋是会繁殖的。所以，我们要有“总量控制”的意识。

难道扔掉购物袋就是浪费吗?

请你把耐心折叠购物袋的时间换算成时薪，对比起来，肯定是不合算的，所以就不必担心浪费不浪费的问题了。

现在社会的物流是极为便捷的。人们意识到购物袋是随时可以入手的，或者人们觉得并不应该随时入手购物袋。

我“断”掉了购物袋。

去超市买东西就自带包包。而厨房用的垃圾袋会专门再买。小号（10升）、中号（30升）、大号（45升）的全都有。

其实基本上都非常便宜。不像购物袋，垃圾袋被包装好装进盒子里，基本不占什么地方。

扔垃圾时，先扔进小袋子里面，快满了就立刻封好口。然后把小袋子扔进中号的垃圾袋里。中号垃圾袋快满的时候也立刻封好口，扔进大号垃圾袋里。

像这样收拾完后，不会出现什么垃圾的异味、臭味等。

垃圾桶放入水池下的抽屉里

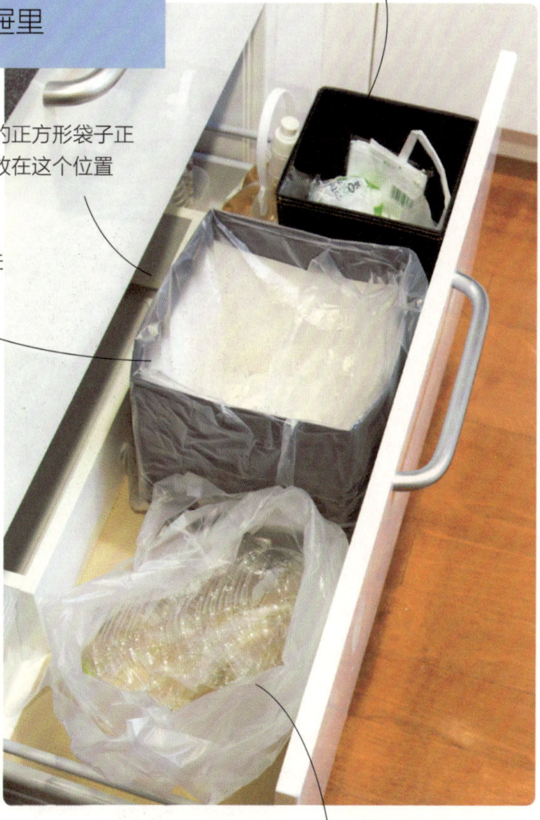

没有味道，美观大方

我的原则是：扔也扔得漂亮。

带水垃圾扔到水池下面抽屉中的果蔬垃圾桶中，抽屉中分纸垃圾、可循环垃圾、可燃垃圾三种，带水的果蔬垃圾的残留时间尽量做到最短。

Panasonic
Wash & Dry

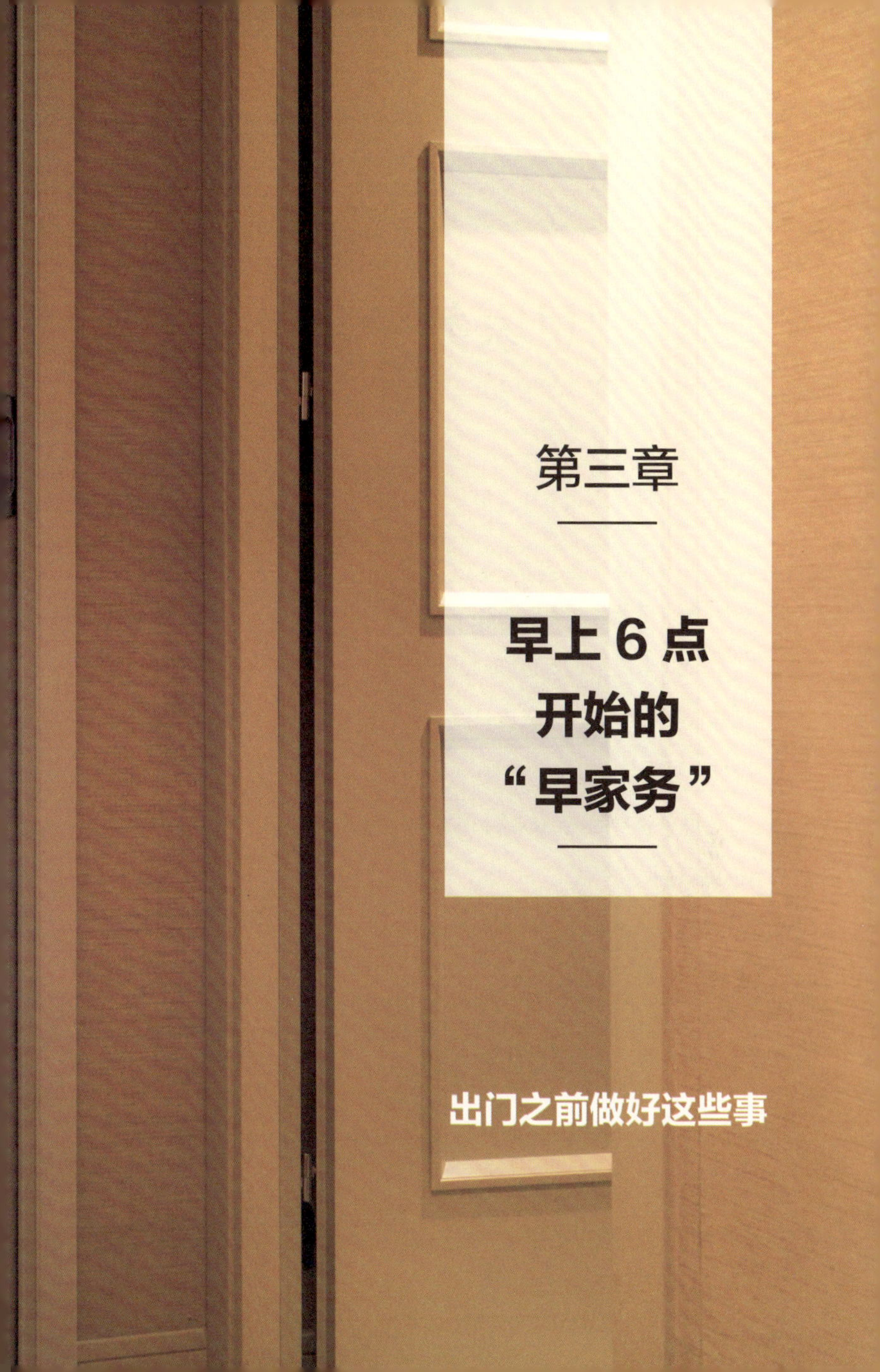

第三章

早上6点开始的“早家务”

出门之前做好这些事

“早家务”守则

早上好！

大家是怎么起床的呢？

对我来说，比较理想的起床方式是“肚子饿了我就醒了”。让肠胃好好休息，睡眠质量就会马上提高。另外，泡个热水澡也是每天早上必做的功课。

很多要早起出门的人，没时间做家务活，出门前只是慌慌张张地收拾东西。

但是“早家务”的重点就是“出门前做好这些事情，回家后会让人心情愉快”！

本章将介绍一下缩短早上出门前收拾东西时间的小窍门——“随用随扫”“洗衣守则”等等。

下面就是我的“早家务”。很多时候我是早上5点起床，大家也可以尝试从起床就开始当天的“早家务”。

山下英子式的“早家务”流程图

早上 5 点

晚睡早起的生活

自然睁开眼睛。
感到肚子饿了就醒来的早晨充满活力。

首先拉开窗帘

东京的天空尚未破晓。
站在窗前远眺窗外风景。

整理好榻榻米的被子

睡起来安稳舒适的胡桃原木，
叠起床铺，
活动一下身体。

关爱我的观叶植物

我养了一些耐干的观叶植物。
它们自己会告诉我什么时候想喝水。

拉开窗帘，活动身体

我基本上属于晚睡早起派。有时候写稿子生物钟会混乱。虽然没有闹钟，但到5点我会自然而然睁开眼睛。

起床之后，先拉开窗帘。东京的天空还没有破晓。看着远方的高楼大厦逐渐地染上光亮，自己的心情也跟着高扬起来。

晚上在榻榻米上睡觉，所以先把被褥叠好。

给观叶植物浇水一般是夏天每周一次，冬天两周一次。这些植物基本上都是耐干的。插花的水是每天都换新水。在有鲜花绿叶的环境里，再怎么忙碌，看见这些花草，心里总会宁静片刻。

早上 5 点 30 分

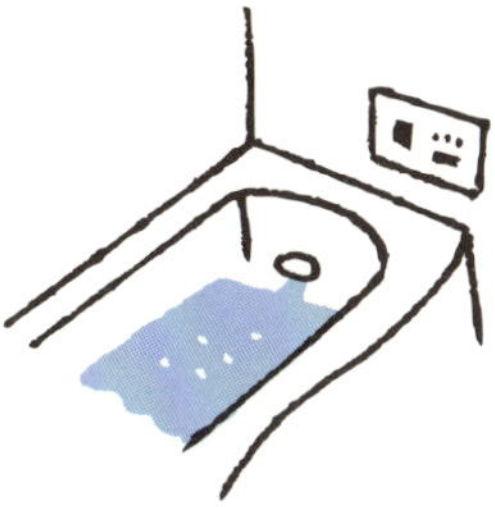

趁着放洗澡水的空隙
准备早餐

从卧室可以直接到浴室，
放好早上泡澡用的热水。

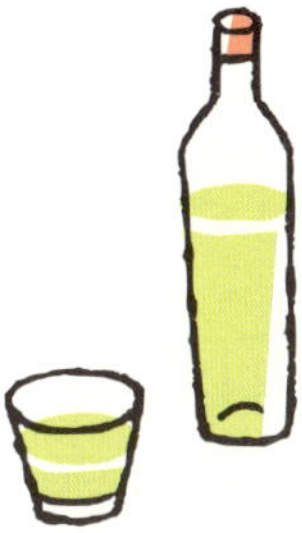

早饭是轻食

今天早上是酵素饮料，
兑上水后，
甜度刚刚好。
来一口，神清气爽。

用纸巾把厨房各个角落擦干净

吃完饭立即收拾碗筷，不拖延。
随后封好垃圾袋。

马上封好垃圾袋口

因为早上有泡热水澡的习惯，所以先放热水。趁放水时间去吃早餐。早餐很简单，很多时候只是吃点鸡蛋拌米饭或者昨晚的剩饭之类的，最近基本上就喝点酵素饮料。

我知道，早上吃轻松一点有利于身心活动。

早餐吃得简单，收拾起来也很简单。洗干净的碗筷倒扣在纸巾上沥掉水分，然后擦干净放进厨柜。再用擦碗的纸巾擦一下水池边后扔进垃圾箱，然后把装瓜果蔬菜的小垃圾袋封好口。

不在家的时候，如果想到家里的厨房还有剩东西或是垃圾的话，心情也不会太好。

早上 6 点 30 分

洗衣机启动

去浴室泡澡
让洗衣机自己咕噜咕噜地
工作。把自己泡在热水中，
泡 5 分钟的热水澡。

方便清洁的浴室

用肥皂和海绵打扫浴室，
做到随用随打扫。
因此，不存在什么顽固污垢，
也不需要用硬刷擦磨。

浴室晾衣杆上挂好衣服烘干

衬衣和睡衣挂在衣架上。而
毛巾、牛仔裤、长筒袜可以直接
搭在晾衣杆上。

同时烘干浴室和衣服

进浴室之前，把脱下来的衣服也放进洗衣机里。

趁着洗衣机工作，就去泡澡。洗澡用的东西直接拿进浴室。热水澡大概泡 5 分钟。

洗完澡之后，放掉热水，打扫一下浴室，收拾下排水口的毛发。用海绵擦一遍浴缸和地板。不需要专门的清洗剂，用沐浴的肥皂就行。因为浴室不放什么杂物，打扫起来很方便。

衣服洗好之后，撑上衣架挂在浴室的晾衣杆上。毛巾直接挂上去，定好烘干的时间，开始“嗡嗡嗡……”

早上 8 点 30 分

化妆、收拾仪容

工作日化妆照常按步骤进行，
宅在家的时候保持素颜。

厕所用完即擦

打扫厕所时，用点精油，
“让整个空间变得清爽干净”。

把水龙头擦得锃亮

刷牙之后就是化妆时间。因为“断舍离”，常常出现在公众面前，因此养成了仪容整洁的习惯。不过一般洗完脸后不护肤，属于“无作为护肤”。

化妆的一套工具放在镜子后的柜子里。洗漱台上一瓶也不会放。用抽屉里的纸巾擦一下镜子和洗漱台上的水珠，然后再擦水龙头。

每次用厕所，做到“用完即擦”。厕纸卷芯里塞点蘸有精油的棉花，空气中就会飘有淡香。这也是一种享受。

早上 9 点

穿上昨晚准备好的衣服
无论早上多慌张，
衣柜里“明日衣角”
的工作装即拿即穿。

出门前检查各个台面
东西虽少，但还是会
出现“随手放东西”的情况。

“我出门喽”
收拾好房间，
穿着合身的衣服，
精神抖擞地开始工作！

保持台面清洁干净

穿上衣柜里“明日衣角”的衣服，搭一个合适的包包。从之前掏空包包的杂物筐里挑出当天要用的东西，放进今天的包包中。

出门前养成习惯——保持地板和桌上不放杂物（尤其是与视线平行的吧台等）。保证地板上没杂物，就可开启扫地机器人。

拿着昨晚封好口的大号垃圾袋，扔进每层设置的垃圾场。这也是高层公寓的优点。

在玄关处检查一下仪容，朝着整洁的家说一声“我出门喽”。

不要勉强自己“好好做早餐”
——从早起就不要勉强自己

早餐的英语是breakfast。这个单词拆开来看就是“break(打破) fast（断食）”的意思。早餐正因为肚子饿得咕咕叫才显得香气诱人。

有时候我们因为睡前吃得太饱，一晚上没有消化完，而使得早上起来感到身体有点疲惫。这时候不妨省掉早餐，喝杯促进消化的饮料。我把这种早餐叫作“fasting”，可以调整自己的身心状态。

绝大多数人认为要“吃好早餐”。

这里的“好”是什么意思？

有规律地吃?

三菜一汤?

我认为这里的“好”是“遵从身体”的意思。有时候早上想吃饭，有时候则不想吃。肠胃是特别容易受到人的情绪影响，也是最容易疲劳的器官。人确实应该有规律地吃早餐，但是假如人已经过着并不规律的生活，所谓“有规律地吃饭”

也只是空谈。

对于人来说，忍着肚子饿不吃饭很痛苦，反过来吃饱了还得吃饭也同样痛苦。因此，我吃早餐分两步：

第一步是决定吃不吃早餐，第二步是决定吃什么。

不管三七二十一，通通都要“吃好早餐”实在是做不到。如果想要规律地吃早餐，就必须有规律的生活节奏。要及时反省自己的生活节奏和质量，才能“好好吃早餐”。

“吃”是非常私人的事情。“早餐好好吃”的要求会让人感到有压力，因为“好好”这个修饰词不是指身体的行为，而是个人的态度。

其实，为家人准备早餐的主妇主夫们不必一天不漏地“好好”做早餐。现在是个营养过剩的时代，很多畅销书也在提倡“一汤一菜”，即便自己觉得“是不是有点分心了”的早餐，只要自己和家人吃得香、吃得开心就足够了。

请不要勉强自己，被“必须吃好早餐”所限制。

清扫守则

浴室里不放杂物——随用随拿式

近几年，包括日本人在内，越来越多的人不去澡堂泡澡了。正常体温比较高的外国人用淋浴冲冲澡倒也没什么问题，不过，对日本人来说，泡个热水澡才有洗澡的实感。与冲澡相比，泡澡更能让身体的毛孔打开，利于人体排出毒素。

有数据显示每日泡热水澡的人和不泡的人相比，幸福荷尔蒙（5- 羟色胺）的分泌量是不同的。

我是晨澡党。5 点起床，到浴室放水，洗澡水设定为 42 摄氏度。早上洗澡的原则是“泡较短时间稍微烫一点的热水澡”。一泡澡，交感神经立刻变得活跃起来，脑子甩掉睡意，思维集中敏锐起来。

而晚上泡澡正好相反——泡适量时间的温水澡。适当的泡澡时间对身体有益，反之则有害。

洗澡的方式采用“澡堂式”——需要用什么带进去什么。我是把肥皂和洗发露放进小篮里带进去。

所以，一般浴室不放任何东西。包括脸盆、洗澡椅、洗发露、护发素、沐浴露、洗面奶、毛巾……都没有。连浴缸盖都觉得占地方。洗澡时才会把海绵、刷子等清洁工具带进去。

没有碍事的杂物，所以清扫起来很轻松。也不用什么浴室清洁剂，就用洗澡的肥皂来刷洗浴室。浴室的污垢是自己身体上的污垢，用肥皂完全可以清洁。

捡起落在排水口的头发丝，再用海绵擦拭一下，就洗完澡了。

“洗完澡立刻打扫”可以保持浴室不会滋生霉菌、不会产生滑腻处和水锈。

任何事情最重要的是反复循环。每次洗完澡就把碎头发丝捡起来，不费一丁点工夫。反而去清扫排水口下面长时间积累的厚厚的脏头发、脏垃圾需要很大勇气，会费很大工夫。

也就是说，平时就要保持浴室在不使用洗涤剂等清洁物就能简单清洁和维护的状态。

因为清洗的衣物要在浴室烘干，所以浴室也能保持干燥清洁，不会产生什么霉菌。

洗漱台下的沐浴用品
毛巾、抽纸、垃圾桶整齐地放入抽屉。

方便清洁的浴室

要泡澡喽！
“泡澡套装”：
洗漱台下的第二个抽屉中放入小提桶。洗手液（有时候也用肥皂）随用随拿。一是浴室会烘干，二是无添加剂的洗手液不会因为发热而伤害皮肤。

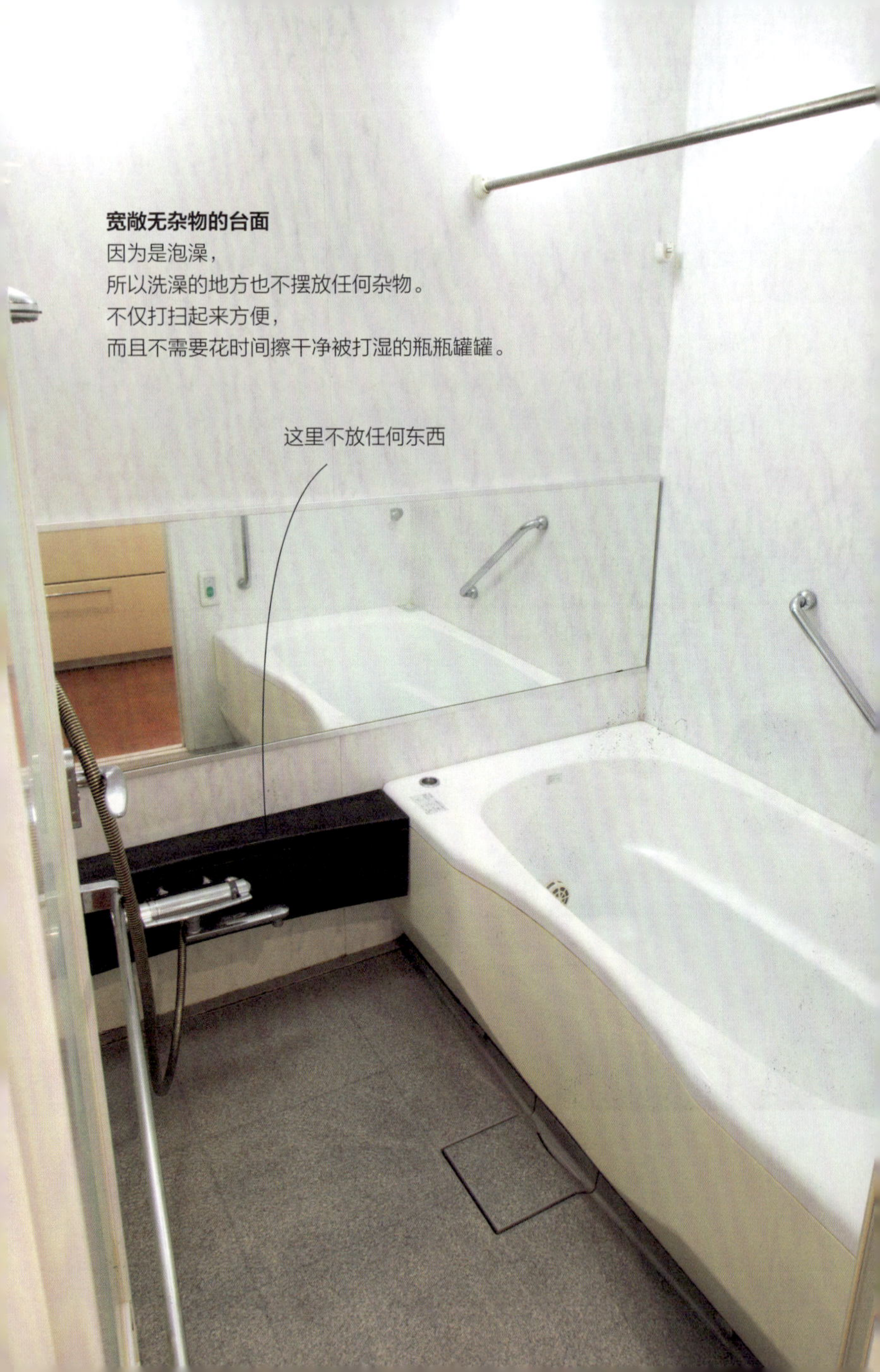

宽敞无杂物的台面

因为是泡澡，
所以洗澡的地方也不摆放任何杂物。
不仅打扫起来方便，
而且不需要花时间擦干净被打湿的瓶瓶罐罐。

厕所“随用随打扫”
——没有拖鞋和地垫的厕所总是很干净

我很想摆脱一个潜意识——家居环境要保持干干净净，但是厕所脏也是没办法的事。

如同美食可以款待客人一样，厕所也能给客人带来享受。我们每天都要上厕所，都要在厕所里待一会儿。没有人不想保持厕所的干净整洁。

因此，带着“感谢之情”去“清扫·擦拭·刷洗”。

从厕所出来之前，可以顺手用纸巾擦一下坐便器和地板。就像随时抖掉身体上的脏东西一样，及时擦掉厕所的污垢。这就是“随用随打扫”。某些用纸巾擦不掉的，可以用厨房的旧海绵摩擦一下再擦。

既然“随用随打扫”，那么就不需要在厕所放置地垫、坐便器垫、厕所拖鞋。每次用厕所，多多少少都会制造点污垢，那么，如何对待这些灰尘污垢，才能保持厕所的干净整洁呢？

经常用完厕所就及时打扫，这样就不需要在客人造访时慌慌张张地倒大量的清洁剂去打扫厕所了。

不说别的，保持厕所的干净整洁会给我们每天的生活带来好心情。假如做不到这一点，心里的某处会不停地逼着自己“必须打扫干净”，必定会给自己带来很大的压力。

洗漱台也是一样。随用随收拾。及时捡起掉落的头发丝，擦干净喷溅的水珠，擦干净水龙头，擦干净镜子。

其实，如何能高高兴兴地“随用随打扫”，就在于台面上不放任何杂物，包括洗手液、牙刷、牙膏、化妆品、护发素、梳子等等。这些东西每天都要用，容易摆满台面，应该用完就及时把它们收进柜子。

打扫卫生用的纸巾也及时放入洗漱台的抽屉里。

你要不要尝试一下，这种“随用随打扫”的习惯会让人随手主动地保持环境的整洁，随时想要去打扫卫生？

假如地板上放满了东西，轻轻松松地用清洁工具打扫地板显然是不能实现的。

假如桌子上摆满了东西，简简单单地擦一遍桌子也是做不到的。

一个人之所以做不到随用随打扫，主要是因为打扫之前杂物已经放置得乱七八糟，无从下手了。

因此，扔东西！扔东西！扔掉多余的不需要的杂物！

扔掉打扫厕所的“马桶刷”

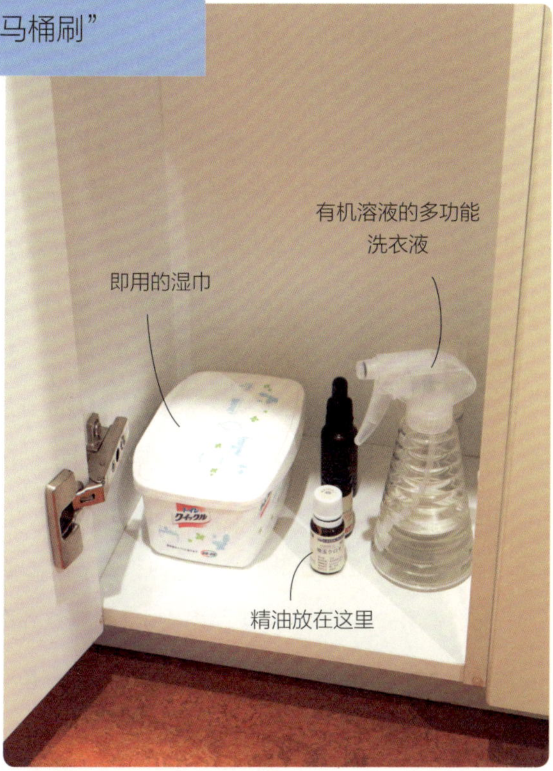

清洁工具放在不可见的地方

清洁工具占地方又不美观，全部集中放入一个柜子中。不需要用马桶刷。

马桶也可用湿巾来擦，不需要专用的马桶刷。

随着季节，更新“百日元小摆件”
——买多少，处理多少

很多100日元店（相当于中国的10元任选店）里面摆满了各种各样可爱的小玩意小摆件。进去逛上一逛就不小心买回一大堆。心想着“不过是100日元而已”，也没想太多，直接扫进购物筐里，等算账时往往不是以100为单位的消费。

等回过神再看，家里已经成了自建的“100日元小件”的宝库。玄关竟然装饰着100日元 ×20个 =2000日元的东西。这些东西没时间一个一个地仔细擦拭，满是灰尘。显然直接买个价值2000日元的东西更容易保养。

这种遗憾的情况其实就是忘记了物品本身是附带着保养管理的精力需求的。买东西之前，并没有意识到“清扫·擦拭·刷洗”会花很大的精力。

不过，虽然有很多家庭东西很多，但还是喜欢买小玩意装饰家。小摆件、小饰品确实让人觉得格外别致，但是我在这里强调的是认真细心地保养这些东西会比较花时间、花精力。

我不是说不让大家去买，反而我很赞成心情雀跃地逛街买东西。像 100 日元店的小摆件最适合用来做展品，体现春夏秋冬的不同气息和感觉。比如正月里放点代表正月的小玩意，万圣节摆上奇形怪状的鬼怪玩意。一定会给节假日增加色彩。

但是，哪个季节就放哪个季节的东西，过了这个季节就马上处理掉。同样，哪个节日就放哪个节日的东西，节日一过就处理掉。

“买多少，处理多少”。

这就是断舍离的基本原则。

也许很多人误解断舍离就是禁欲式的克制物欲。其实不然。

我拜访过很多人家，他们最喜欢听的是“买东西吧，扔东西吧”。大家有购物的欲望，因为有很多店的东西又便宜又可爱。

我超爱买东西。买东西那一瞬间心情非常兴奋。当然，也有买失败的经历。

买东西就有买失败的风险。买失败并不可怕，反而是我们重新审视该如何处理物品和自己关系的机会。然后“该扔掉的尽快扔掉”。

实践断舍离后，我们会意识到以前意识不到的东西，比如藏在暗处的灰尘、隐蔽的污垢等。所以我们才想要“清扫·擦试·刷洗”。

数据线丢失的状况再也没有了

用绑头发的皮筋束起来

酒店中的洗漱用品中有棉质的束头发用的皮筋。一些容易缠绕在一起、理不清的数据线、耳机之类的，就用这种皮筋束起来。

和橡皮筋不同，这种皮筋解起来也很方便，外形也很可爱。

皮筋的新用法

用专门的“电子产品收纳筐”，防止找不到东西

像照相机、录影机、手机、U 盘、充电器之类的掌上用品或数据线、耳机之类的东西全部放在书房柜子里的抽屉中进行“集中式管理”，根据不同功能，进行大致分类，防止用的时候找不到。

洗衣守则

洗衣是每日必做功课——少量衣物也不拖到明天

“要洗的东西挺少的，存多点再放洗衣机吧。”

看起来没什么矛盾的想法，其实这真是把自己逼到绝路的“满箱思维”。

只要有要洗的衣物，就当天洗当天晾晒。不要让家务活的“流动”堵塞不畅，保持良性的循环，才是最关键的。

每天早上，进浴室泡澡之前就打开洗衣机洗衣服。因为是一个人，所以衣物件数不多，不过还是保持“随换随洗”。

洗完澡出来，衣服也洗好了。把脱水后的衣物撑上衣架放在浴室烘干。毛巾、牛仔裤、长筒袜等直接晾在衣杆上。过一会儿再翻一翻。

本来应该把洗好的衣服晒晒太阳。阳光的味道真是好味道，不过现在住在高层公寓的我只能妥协了。

我烘干衣服的同时也可以烘干浴室，不至于产生潮气，滋生霉菌。一石二鸟。

家务事不能拖。

当杂物扔得乱七八糟、脏衣服成堆、未洗的碗筷积满水槽进入我们视野时，想要收拾的劲头已经殆尽了。勉强自己去收拾家务，才会让家务事做起来沉重无聊。难得的节假日就被这样不情不愿地消磨掉了。

因为我洗澡时已经打开了洗衣机，所以当天擦身体的毛巾就没办法洗了。也就是说还是有少量的东西要洗。有很多人特讨厌“剩东西”，会第二次去洗衣服。

实践“山下美子式工作法”的婆婆就特别讨厌“剩东西”，特别是残留垃圾。所以当每周只有两天才能扔垃圾时，即便是正吃饭也会放下碗筷赶紧去扔掉垃圾。洗衣机也是时刻工作着。

我个人觉得剩少量的未洗的衣物很正常。像一两条毛巾之类的可以直接忽略，问题是不能有大量的未洗衣物堆积。这只会让人直接推到周末集中洗衣服，是个大陷阱。

清爽干净的洗漱台也会滋润心灵

摆列出的化妆用品

镜子后面的架子上做出小隔间，摆放化妆用具。

按顺序拿单品，用完之后立刻放回原位。

化妆是认真仔细修整仪容，焕发气质的时段。

首饰的休息小屋

出门戴的首饰回到家后临时放在洗漱台上的白手帕上，经常使用的首饰可从这里再次“出场”。

用衣架晾干，用衣架收好——底裤放入无盖的衣筐中

常常听主妇们说：

“洗好的衣服叠得整整齐齐才算把家务活做得漂亮。”

比如，大容量的洗衣机一下子可以洗 30 件衣服。当然，晾衣服也是个大工程。收拾衣服也是大工程，更不要说一件一件地叠好收起来。叠好的衣服堆在沙发上变成了小山，再不整理，小山就变成了大山。

如果这种场景变成了日常，难免让人对家务活生出一种厌烦感。

因此，我就断舍离“叠衣服”这个步骤。

“叠放”是一个重要的“善后”动作。就像下飞机前把借过来的毛毯叠好还给空姐一样。

但是，在忙碌的日常生活中，我们并没有太多时间和精力一件一件地叠放衣服。家里人口多的话，衣物的件数更会成倍增加。

有人会说：“叠好衣服的话，抽屉里就能放下很多衣服了呢。”

把衣物摞着放或是叠成团的“收纳术”其实是难度系数高的家务技能。

我用不惯抽屉。抽屉本身会让人产生塞东西的想法。不管里面是不是塞得满满当当，只要“啪”的一声合上抽屉，就是眼不见为净，获得暂时的安心感。而衣服本不应该叠放着收纳，那就要用到“不叠放收纳”——衣架晾干·衣架收纳。

早上把衣服撑上衣架挂在浴室烘干，晚上带着衣架直接放进衣柜。T恤、衬衣、短裙、睡衣也不需要从衣架上摘下来叠放，穿的时候直接摘下来便可。

内衣、紧身裤、长筒袜、手帕、洗澡用的衣服包直接放进衣柜下方不带盖子的衣筐中。没有盖子的衣筐，东西好放好拿。

有盖子的话，不能立刻看见里面放了什么东西，人们总是擅长遗忘自己看不见的东西。一旦忘记了，一些穿旧的紧身裤之类的东西就逐渐塞满了衣筐。

洗衣服，晾衣服，收衣服，穿衣服。

只要这个过程“流动”起来，做家务要花费的精力和时间便会立刻减少缩短。

无须折叠的收纳法

直接扔进无盖的筐子里

底裤、紧身袜、长筒袜、手绢等，直接扔进衣柜下的无盖筐中。底裤、紧身袜之类的量为3套之内。这是我的守则。

100% 植物提取的天然洗衣液
排出去也不会污染河流，
All things in nature 洗衣液。

洗衣服，晾衣服，收衣服，穿衣服的家务程序

泡澡时就启动洗衣机
洗衣量比较少，每天都要洗。
洗澡脱下的衣服一并放入洗衣机，
泡、洗、脱水。

早上

把衣服挂在浴室的晾衣杆上，开启烘干功能。
T 恤、衬衫要甩平整，撑上衣架后，挂在衣杆上。毛巾或被单等大块头的衣物要折两次，直接搭在衣杆上，过段时间再翻过来烘一下。

我走喽

晚上

回家后，就全部烘干完毕了。

不用去掉衣架，直接挂进衣柜的横杆上

烘干的T恤、衬衫可以直接带衣架挂在衣柜里，长筒袜、内衣放入衣柜下面的衣筐中。毛巾放入洗漱台的抽屉中。

穿衣服时也舒服极了

晾在衣架上的衣服平平整整，没什么褶皱，也不用熨烫。从衣架上摘下来，直接穿上。

不再为“没有衣服穿出去”发愁——用衣架规定衣量

现在的衣柜是成“コ”字形穿过衣架杆。

衣柜的右边放着平时穿的衣服和睡衣，左边放着工作用的衣服，大致是左右分类。衣杆的正中间不挂衣服，空着，专门做“明日着装角”。

衣柜里的大衣数量用衣架做“总量限定”。一个空着的衣架就是一个“可以再买件衣服”的信号。衣架也选美观好看的，看起来整洁统一。

这样一来，什么衣服在什么地方也一目了然。也不会匆匆忙忙地抱怨：“有这么多衣服，却找不到一件可以穿出去的！”

在每个季节，穿上喜欢的当季衣服，穿旧，最后放手。当自己不怎么情愿穿某件衣服时，就是放手这件衣服的时刻。把旧衣服处理掉，空出来的衣架上再买入新衣服。

顺便说一下我的“既定总量”：工作用服装为 6 套、平时的衣服为 6 套、寝衣 3 套。

也就是尽量在这个总量的范围内进行衣物的更新更换。

这样也能时刻保持衣柜的新鲜感。

“コ”字形的带横杆衣柜

面向衣柜，左边为工作时穿的服装（交感神经衣服），右边为平时穿的服装、睡衣（副交感神经）。正面的衣杆上为“明日着装”。

另外，书中多次提到“寝衣”一词。其实这个词并不确切，睡觉穿的衣服到底应该叫作什么呢？“觉觉衣”听起来有点孩子气，而且“睡衣”又不是睡袍。

我一般是穿质地舒适的白色纯棉罩衫和松紧裤。基本上以宽松为主，不过有时候穿高贵优雅的睡衣，有时候则穿轻松休闲的。

我一直觉得“睡觉，即是旅行”。

换句话说，睡衣是“享受旅行过程的休闲装”，穿着这件衣服享受 7 ～ 8 小时的旅途。只要踏上旅程，白天遇见的烦心事也会烟消云散，自己也会恢复元气。

因此，不要认为“就是睡觉而已，穿什么不都一样”，要善于享受，多多款待自己。

生活需要质地细腻柔软的毛巾
——粗糙廉价的毛巾用来“打扫卫生”

你家里有几条毛巾呢？

是不是数也数不清？有泡温泉赠送的毛巾、质地不好的廉价毛巾等。柜子里的架子上总是叠放着满满当当的毛巾。比起放在上面的毛巾，被压在下面的毛巾基本上没有出场的机会。

处理这些毛巾最重要的是要做到从“入口”进行断舍离的“断”。

不过，有些东西比如说像乔迁的近邻拿来的小礼物等，是无法直接拒绝的。那么这些粗糙廉价的毛巾最适合当作抹布，用完直接处理掉。

我不是说“不用就扔掉”，而是让它发挥完作用后再说拜拜。

毛巾用于“擦掉污垢较重”的地方非常便利，因为毛巾比纸巾结实耐用。

我今天也是用粗糙的毛巾擦完阳台的泥垢后立刻扔掉了。只要毛巾上沾上泥垢，一般都很难洗掉，而且我们一定不愿意用脏兮兮黑乎乎的抹布来擦东西。

而那些洗澡用的浴巾、洗脸用的洗脸巾，我会从商店里面挑自己喜欢的买回家。我非常重视这些毛巾的触感，我爱用大小和种类比较统一的，像酒店里的白素毛巾。这个时候应该多花点钱买质量较好的毛巾。

我有 2 条浴巾、6 条洗脸巾。因为平时我不用浴巾，所以 2 条浴巾是为客人准备的。

如果毛巾经过多次洗涮，出现手感粗糙的时候就该更换了。一条毛巾的周期是一年左右。一条细腻柔软、肤感舒适的毛巾一定会让人感到幸福愉悦。

一天用 2 条毛巾

洗漱台下的抽屉里放置 6 条洗脸巾，也可以洗澡后用。
客人用的 2 条浴巾。
抽屉和纸巾都收进垃圾桶中。

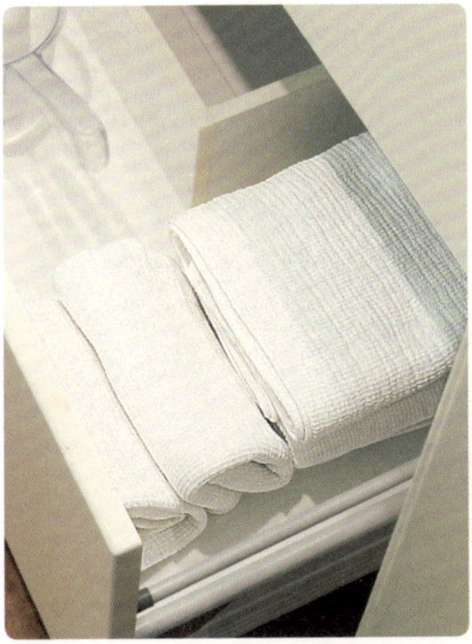

准备守则

回到“让人心情愉快的家”——没有洗完的衣物怎么办?

旅行、出差、还乡。当一个人离开东京的公寓时，我总是不停地在实践断舍离和大扫除。打包行李和断舍离，还有大扫除都是旅行前的必要准备。

这时候总是会出现一个问题——没有洗完的衣物怎么办？虽然说洗衣服是洗完了，不过并不能说全部都洗完了。因为在换上去旅行的衣服之前，还剩下实践断舍离和大扫除时穿的衣服。

其实我特别希望把衣物全部洗完一件不留，再潇洒出门。当然，这是幻想。我其实也想过对策：

1. 穿着旅行用的衣服进行断舍离和大扫除。

2. 不穿衣服进行断舍离和大扫除。

那我到底采用了哪种方法呢？答案交给大家想象。

在某个电视节目中，我找到了和我想法一样的人，他们是一对艺人夫妇。听他们说全家准备旅行前，就一起光着身体吃饭，理由是他们想把衣物全部洗完晾干。

我边看边笑边感同身受地感叹：“真是特别想不留一件脏衣服，把家里打扫得干干净净、清清爽爽地再出门旅行呀！”我扭头对正在看电视的丈夫说：“我特别能理解他们的心情。”丈夫也点点头：“我好像也有点明白这种感觉。”只可意会不可言传，明白的人一定明白，不明白的还是不明白。

但是，假如出门之前做不到这么彻彻底底，某天旅行回到家，一进家门，发现家里乱七八糟，不像样子，一定不会有“啊，我终于回到家啦”的安心和归属感。

回归的家应该是 welcome 空间。一推开家门，整个家应该散发出“欢迎回家”的氛围。

虽然没必要做到彻底完美，但是出门之前要把家收拾到一定的干净整洁度。否则家里乱七八糟，在外面也无法安心旅行。

人有时会不停地想："万一有人来家怎么办？万一碰到什么状况，需要拜托别人到家拿衣服怎么办……"

不过，话说回来，出门前把家里收拾得干干净净并不是为了防止突发事件，最重要的还是让心情愉快。

保持好的心情也相当于为突发事件做好准备。

因此，这个星期也把家里的魔窟进行了断舍离。

住在『想要回去的家里』

减少不必要的杂物后，就想用画或鲜花装饰房间，把房子打造成有归属感的理想之家。

提前决定“明天穿什么”
——同时决定搭配的鞋子和包包

别看我现在挺高效，其实我也是个慢性子，做事情慢吞吞的，早上出门前的准备工作会花很多时间。其中最花时间的是挑衣服。

所以，我在前一天就决定好穿什么衣服。

也就是在衣柜横杆的正中间位置挂好“明天外出穿的衣服”。因为准备好了衣服，所以出门也非常方便。

另外，我认真吃早餐，就会花很多时间准备早餐，吃完早餐，收拾碗筷。这些细碎的小家务竟会特别消耗时间和精力。最近，我的早餐确实是时有时无。

回家把包包里的东西全部掏出来的习惯，也让我第二天早上的工作变得轻松很多。当天要用的东西一个一个地检查之后再放进包包，不会忘拿任何东西。

另外，认真准备早餐，认真吃早餐的话就会花去大把的时间。准备早餐、吃早餐、收拾早餐等，这些工作确实会占用一大部分时间和精力。近些年，基本上是有时候吃有时候不吃。

提前把包包里的东西全部清出来，也让早上的工作轻松了不少。把东西一个一个检查之后再放入包包中也不会出现遗漏物品的情况。

很多抱怨早上总是没时间、总是慌慌张张出门的人只要能弄清楚到底在哪些地方浪费了时间，有针对性地采取对策，就能收获一个不慌不忙、从容不迫的早晨了。

早上容易消耗时间的事

- ☐穿衣服
- ☐吃早饭
- ☐化妆
- ☐准备外出用品
- ☐收拾房间
- ☐扔垃圾

很多人穿好衣服、化好妆、吃完早饭、检查下包包有没有忘记什么东西后，就已经没什么时间了，只好丢下乱七八糟的屋子，慌慌张张地出门。

虽然很多人嘴上说不介意屋子乱糟糟的，但是心里的某个地方还是觉得有个梗。如果真是一点儿“想早点回家打扫卫生”的念头都没有，那就有大问题了。

“一点儿都不介意”本身就是个大问题，有可能预示着“做家务的天线”已经生锈了。

首先要重新恢复“天线的敏锐度”，换句话说应该从“断舍离”开始做起。

卧室的箱柜搬到客厅

想换个心情时就变个模样

将本来放在卧室的箱柜移到客厅，
改变房间的布局，也换个心情。
长时间不挪动家具位置的情况非常少见。

手表党的小格子

我是个手表粉，即使在家也戴在手上。

夏天戴白色系的，冬天戴深色系的。

不同款式的手表，带来不一样的好心情。

小首饰装点心情

箱柜中的一个抽屉专门用来放首饰。

用泰国的报纸防潮，每件首饰都舒舒服服地躺在漂亮的花布上。

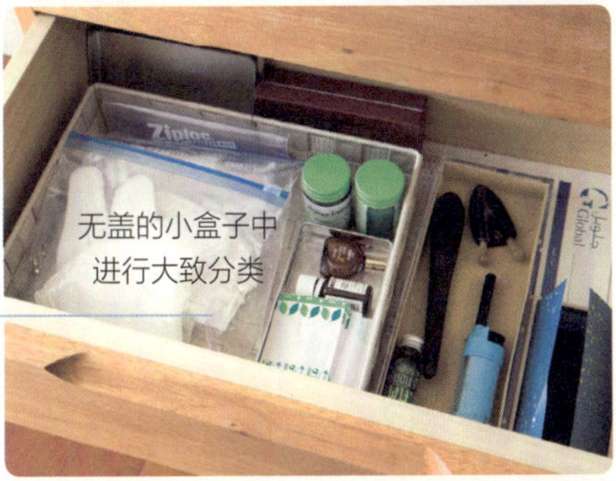

放在身边的药箱

抽屉中一般备着带密封袋的口罩、眼药水、创可贴等常用医药用品，即使没有医药学知识，这些常备紧急医药用品也能解燃眉之急。

欣赏用的漂亮小盒子

虽然总是提倡随手处理掉买东西的包装箱、包装袋和包装纸，但只把小盒子保留下来。纯欣赏用的漂亮盒子。

不在台面上堆放杂物——有一就有二，有二就有三

家里的很多台面上摆满了各种各样的东西。比如地板上、桌面上、橱柜顶部、沙发上、厨房灶台上、洗漱台上等。

把杂物搁在这些台面上的一瞬间，就是杂物开始繁殖的时刻。放一个东西，就会放第二个东西，然后是第三个……我们的脑中不自觉地就会进行“自我辩护”——放这儿也没关系。

有很多人理所当然地认为台面就是为了放东西、摆东西的。比如说窗台边、纸箱上、保险柜上等。甚至杂物一层摞着一层放。

也有人反对说“我们这么放不是随手放的，而是摆在这里为了好看”，实际上，这些小装饰品的旁边没过多久就会出现纸巾盒子，接着就是手表、圆珠笔，等等。

这不是我胡诌的，而是事实。

有户人家的厨房里竟有很多杂物被直接放在地板上。6瓶矿泉水的箱子、专用的调味料等被直接搁在橱柜前，连橱柜的门也不方便打开。

因为柜子里已经塞满了不需要的东西，收纳的地方每减少一个，就会导致应该放入柜子的东西不得不扔在外面。

少了一个收纳空间，本该放入里面的物品就被挤到外面了。

靠墙立放的手动吸尘器也不能忽略。正是因为地板上放置了杂物，很容易让人在杂物旁边“随手”放置购物袋之类的其他杂物。

杂物放在桌面上也是不好的，桌面上放的东西仅限“正在使用的东西”。

台面上除了杂物还是杂物
到处都摆满了杂物，几乎看不见台面。乱七八糟的东西一个接着一个映入眼帘，行动起来又很不方便。各个地方散发的众多压力让人喘不过气来。

比如说当编辑们光临家中，在客厅兼书房的桌上讨论问题时，桌面上就摆着与策划相关的资料、两本相关的书、圆珠笔、签字笔、饮料、点心、纸巾等。这些东西并不是“原本搁在桌上的”，而是“我们正在利用的”。讨论结束后，这些东西都会从桌面上撤下来，重新恢复桌面的整洁干净。

创造洁净房间的“三个台面”——不在不易拿放的地方“收纳杂物”

“想回到一个清爽干净的房间”的人需要注意三个台面。

地板、桌面，还有目之所及。目之所及就是指架子上、厨房、吧台等地方。

这三个地方特别容易随手放东西，也特别容易被人看见放置了杂物。

换句话说，这三个地方放置的东西是我们在生活中正使用的，与我们自己有着活跃关系的物品。因此，把这三个场所收拾整洁干净后再出门，整个空间的印象就会焕然一新。

清理掉了 3 个台面的杂物后

与 P167 是同一间屋子。将 3 个台面的杂物全部清理后，屋子的印象立刻发生一百八十度的变化。让人想放一些可爱的摆件或者鲜花、绿植来装饰房间。

这三个地方是手容易接触到的，反过来说，其他地方是不容易接触到的。因此，像一些挨着天花板的高个儿收纳柜，或者向内纵深的收纳箱等手不方便接触到的地方，可以说是起不到收纳作用的。

提倡大容量收纳的厨房里有很多“天花板收纳”处。

我们甚至踩着凳子，硬是把杂物塞进高高的柜子中，并且还十分满足。其实“天花板收纳”处正是忘却物的催化剂，对于这些地方，我基本上空着，不用的。即使用，也只是利用“靠前”的地方。

即便像我这样有“使用原则”的人，也很难去熟练利用这些不易接触到的地方。

去中国进行“断舍离”巡讲时，曾经遇到过一个让我颇感深意的“收纳”。

那户人家的厨房呈“コ”字形——有效利用台面下的空间。转角整体做成抽屉形式，并且能全部抽拉出来，抽屉里摆满了各种各样的调味料。

能看得出来，这家主妇想利用“创意”来对抗不断增加繁殖的杂物。

我总是在不断地强调“断舍离不只是扔东西”，但是当我看见各种各样的杂物挨挨挤挤的场景，就忍不住想说“不对，断舍离只是扔东西”。

如果橱柜前堆满了杂物，连门都打不开，也就是说这个橱柜里面装了很久不用的无用之物。那么，这样的橱柜出现一个丢一个！

同样，如果沙发被各种各样的杂物占领，谁也坐不成沙发。也就是说这个地方应该放置一个实用的收纳箱。那么，这样的沙发可以扔掉。

台面和杂物之间仿佛有相互吸引的亲密关系一般，但其实建立这种“亲密关系”的人正是我们。正是我们无论走到哪里都想随手放东西、塞东西，只要这种不自觉、无意识的习惯不改变，问题就无法解决。

断舍离的“舍”就是让我们从这种不自觉、无意识的习惯中毕业，摆脱各种杂物的困扰。

专栏

成熟女士会享受一人食

无论是吃什么东西，没有比在原产地品尝原汁原味的更令人享受的了。因为吃东西，也是在吃气候风土、吃氛围环境、吃春夏秋冬。

东京这个地方有个优点就是有日本各地的商品直营店。新桥那里有一家我特别喜欢的酒馆，在这里能享受到青森原产地美食。虽然我不是酒馆的常客，也不认识酒馆的老板，但还是经常一个人去那里，轻松自在地吃着美食，丝毫不在意别人的眼光。

我既喜欢在外面“一人食”，也爱在家里做“一人餐”。

拿出喜爱的餐具，在大盘子里盛一丁点主食，上面撒上大分量的小点心做点缀。在家无须顾虑他人的眼光，以舒适的姿势随心随意地品尝美食。这是可以独享的独一无二的美食。

那些现在忙忙碌碌为家人煮饭炒菜的主妇再过5年、10年，等孩子们能独立自主之后，也不再如此忙碌了，也要习惯不让自己忙得团团转。

人，总有一天会独处。即使对家人，也要培养不被束缚的能力独处自立的能力。

记得有一次和常在工作上合作的前辈到一家法国餐厅吃饭。餐厅座无虚席，全是成双成对的情侣和三五成群的老友。我发现其中有位老太太在独自一个人用餐，年龄大概七十过半。

“山下，你看那位老太太，一个人能大大方方地来餐厅享受美食，一个人能安详自在地在酒吧喝点小酒，这才够称得上‘成熟女人’。”

前辈这么说道。

原来，享受人生就是尽情地享受独处时光。这种“人生达人”的姿态，让我感触甚深。

成为一个无论何时何地都能自得其乐、善待自己的人。

第四章

“周末家务”

不要让家务占领周末

“周末家务”守则

你是怎么过周末的呢?

外出旅行、做运动、读几本爱书、逛街购物等，周末的时间都想花在喜欢做的事上。

不过，生活还要继续，家务也没有归零。我们既要吃饭也要洗衣服，至少要保持身边干干净净的。“分散做家务”的方式就是把该收拾的地方，不拖延，立刻收拾干净。家务是日常活动，不分周末还是平时。

假如把平常做不了的家务“放到周末集中做”，负担就会陡然加重。

周末家务不是把东西“集中留到周末”再收拾的家务，而是仅利用周末就能完成的家务。就像整理被褥一样，只要每周整理一次，就能体会到各种好处。

做完之后，就能尽情地享受周末时光了。

山下英子式的 “周末家务”安排

早上8点

准备早起洗澡

从卧室直接到浴室，
放好洗澡水。

打开窗帘

东京的天空还是灰蒙蒙的，
不知道外面是不是下雨了，
住高层就有这个毛病。

精心准备简单早餐

今天的早餐也是消化饮料，
不管有多忙，
也不忘记说一声“我开动啦”。

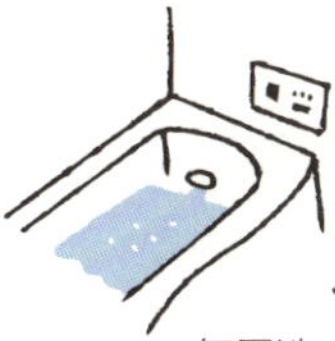

今天是洗床单日

每周洗一次被罩、枕巾、床单，
天气不好也没关系，
这是高层公寓的优点。

睡个小懒觉

稿子只差收尾了，
昨晚写到深夜，
第二天早上可以起得晚一点。

周末洗床单

周末的早上，比平时起床稍微晚一点，拉开窗帘，日头已经高高挂起了，不过东京的天空依然有点阴沉。

高层公寓的视野很不错，但是分不清外面有没有下雨是一个缺点。算了，反正都要躲在公寓写稿子。

周末是床单、被罩、枕巾枕套的洗衣日。把这些东西全部剥下来放进洗衣机里洗，顺便到浴室放水准备泡澡。

前一天晚上去聚餐，所以早饭吃得不多——喝一杯促消化的饮料。准备早餐一分钟，收拾早餐也是一分钟。喝的时候坐好对着早餐说“我开动了”。

早上9点

床单叠放入洗衣机
大号的被罩拉好拉链，
叠放入洗衣机。

洗澡的同时洗衣服
和平常一样，
泡澡的同时让洗衣机工作。
一箭双雕。

衬衫和床单在浴室烘干
没有条件完全打开晾晒，
床单一般折两下搭在横杆上晾干。

浴室和洗好的衣物同时烘干

因为还有床上用品，周末要洗的衣物比平时多。不过，洗衣机一下子塞太多衣物的话，也洗得不干净，有时候要分两次洗。

洗衣液使用的是不含表面活性剂的“All things in nature”。100%从植物中提取，流入下水道后不会污染河流大海。这是将我学到的本领回馈给自然，也体现出“环保”意识。

趁着洗衣机工作，我就去泡澡。洗完澡后打扫浴室，然后穿着家居服把洗好的衣服挂在浴室烘干，这就是每天的“流程安排”。床单类的大件折叠后直接挂在晾衣杆上烘干。

早上 10 点

自觉动手打扫
“用完立刻打扫”，
不会让水滴飞沫晾一边。
或者滞后一点清理洗漱台。

开始魔窟断舍离
就像考试之前想整理抽屉，
在截止日期之前开始断舍离。

写稿之前，打扫卫生让心情愉快
断舍离之后，
会发现之前看不见的灰尘，
然后把角角落落全部擦一遍。

断舍离，迅速推进家务事

洗手、刷牙、化妆后清洁一下洗漱台和化妆台。上完厕所后打扫一下厕所。在什么地方用过什么东西后进行收拾整理成了自然而然的习惯。“即用即收拾”形成习惯后，会觉得“用完不收拾干净”心里会不舒服。

今天是写稿日。不过偶然在书房瞥见衣橱最里面放着东西，才想起来可能是自己带着“不纯”动机买回来的东西。“不把魔窟彻底断舍离根本静不下心写稿子”的我马上开始收拾东西。

断舍离告一段落后开始伏案写稿。偶然抬头扫见书房的电器上落着一层浅浅的灰尘。马上断舍离的神经又绷紧了，又进入了一个人的“清扫·擦拭·刷洗”模式。

下午 5 点 30 分

换上刚刚洗好的床单
整理好床铺

用个小技巧就能简单地罩好被罩，
把床收拾舒服后，换上外出的衣服。

来一顿忘掉烦恼的晚餐

一直宅在家里，
周末要外出。
呼吸下外面的新鲜空气，
到附近的步行街去溜达溜达。

随心肆意，自得其乐的酒馆小酌

从浴室把晾干的衣物直接带着衣架挂在衣柜里。内衣内裤贴身衣物直接放入不带盖的衣筐里。把毛巾放回洗漱台的抽屉里。这是收拾衣物的“步骤”。把干干净净的床单被罩类的床上用品和被褥放在一起，整理好床铺。

脱下家居服，换上休闲的外出服，把钱包、手机塞进手提包，出门踏入东京的夜景。今天常去的烤串店已经人满为患了，便绕到了对面的酒馆。这也是一种邂逅，与一家提供大海鲜美馈赠的酒馆的邂逅。

晚上 9 点

撑开雨伞放在客厅

湿鞋子和雨伞晾干后，
收回柜子。
回家以后把包包和钱包里的东西全部拿出来。

换上不宽不紧的家居服

今晚估计要熬夜写稿子。
换上家居服，
进入写作模式。

无论何时何地都不要忘记善后

卸妆刷牙后，
随手擦擦洗漱台。
洗澡的时候，
也顺便洗洗脚。

晚上写稿子

践行断舍离后，
坐在清爽的书房中，
开始敲字。
夜已深。

下雨天，花一分钟修整自己

“我回来喽。”

从下过雨的路面上回到家，先用布擦掉皮鞋上的泥，再撑开雨伞晾在客厅。

然后，把手提包中所有的东西放进收纳筐中，钱包里的收据或者零钱也取出来放在固定抽屉中。

之后，洗手、刷牙、洗脸。照常用纸巾擦一遍洗漱台。

现在有点晚了，直接换上睡衣也行，我换上了家居服。因为还有写稿的长夜在等着我。穿着宽松舒适又有适当紧张感的家居服开始伏案写稿子。周身是一种经过白天的断舍离连看不见的地方都干干净净的清爽感……

换被罩的简单方法

换床单和被罩是比较费工夫的。其实利用睡床来替换被罩时比较轻松。把床的两边空出来，换起来更方便。

洗被罩的顺序

1 剥下被罩。

2 被罩里外颠倒，直接拉好拉链，折叠起来。

3 放入洗衣机。晾的时候折两折，挂在浴室烘干。

罩被罩的步骤

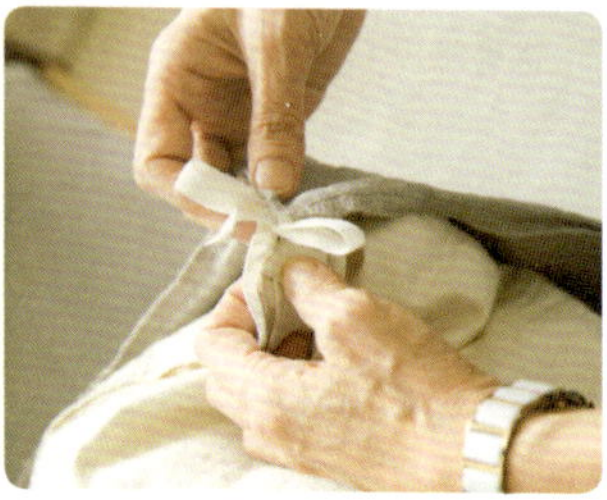

1 把被子在床上铺平。再把干干净净的翻过来的被罩平铺在被子上。四个角打好结。

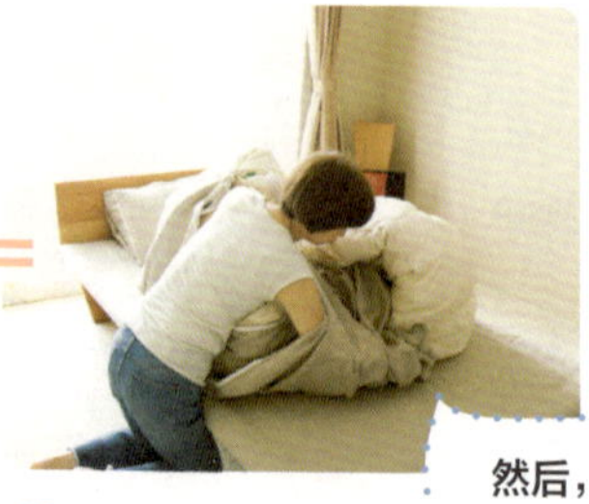

2 四个角没有绳子时，先用强力夹夹一下。

然后，直接翻着套上去。

3 轻轻地翻转。

4 用手抚平褶皱，整理好被子。

5 “睡觉即是旅行”的床铺搞定了。

保养守则

清洁排气扇、空调的最佳时间
——委托专业人员也是捷径

大扫除必做的，少不了清洁空调的过滤器和抽油烟机的排气扇。不知道你是多久清洁一次。一年一次？还是半年一次？

近几年出现了附带自洁功能的家电产品。有了这种方便功能，即便主人不维护清洁，家电也能干干净净，远离灰尘和油污。

等一下。

这里是不是有什么误解？其实无论添加什么功能都需要“最低限度的保养维护”。比如，有的抽油烟机的排气扇虽然可以让油流入小玻璃瓶中，但是也不能说机器完全没有油污。带有自洁功能的抽油烟机和空调打扫起来轻松是轻松，但并不是不需要人工的维护保养。可是要清洁抽油烟机和空调过滤器依然需要一定的时间和精力，那么怎么办呢?

就交给专业人士吧。

一听到这句话，有人会吞吞吐吐地说："那得有钱请人做才行……"其实，这时候更应该改变下"不舍得"的思维。钱不是白花了，而是花在家电的维护保养上。

在家电的保养维护上花钱是一种对自己的投资。花钱请人保养家电就是腾出时间让自己休息放松，储备精力为下一个工作努力加油。与给自己买首饰，做个漂亮的发型目的是一样的。不需要为自己在家务上的投资感到惭愧。

以前人们确实觉得"在打扫卫生上花钱"纯属浪费。现在有这种想法的人依然存在。不过与5年前比起来，非常愿意在家务上投资、保养家电家具的人急剧增加。

没有人比专业人士更懂怎么清洁排气扇和空调过滤器。专业人士能彻底地分析油垢污垢的化学成分，然后有针对性地进行专业迅速的清洁。

电视杂志等很多媒体上会介绍各式各样的"污垢清除技

巧”，最后来一句“看看，真的清除得一干二净”，要我说的话“这些全仰仗专业人士”！

“这点儿家务活都做不好的话，还怎么称得上好主妇、好妈妈呢”——请大家一定要抛开这种所谓“必须做个聪明主妇”“必须做个贤惠妻子”的思想。

其实，除了抽油烟机、空调之外，家里的窗户也可以交给专业人士。窗户擦得亮晶晶的，心情也会很不错。

在保养维护上投资——好环境带来好运气

前几天，我租住的这座有 13 年建筑史的高级公寓里，请来专业清洁人员做卫生。

这座公寓的排气系统是 24 小时不停运转的。因为是高层封闭性公寓，不能随时开窗通风。在我搬到这里一年之后终于到了每年的保养维修日。

这种保养服务是收费的，随叫随到。那天才发现似乎前一个租户并没有定期保养过滤器。记录本上明确显示着上一次更换过滤器是 4 年前。

果然，拆下来的过滤器完全是焦黑焦黑的。虽然换上了新的过滤器，暂时安心了不少，不过一想到这一年竟然是呼吸着这种黑乎乎的过滤器过滤的空气吃饭睡觉，真是浑身鸡皮疙瘩。

这次服务，包括清洁费一共 7500 日元。我不知道是贵了还是便宜。可能上一个租户觉得比较贵，因此，“眼不见为净”，权当看不见照样过日子吧。不过，如果他能看见这个黑乎乎的过滤器，也许不会安安心心地置之不顾的。

看见排气系统清洁得干干净净，我心情特别好，干脆又拜托清洁人员“请把家里的每个角落都清洁一下吧”。因为自己是亲眼看见，亲身感受到“专业人员的专业性”。

排水系统、厨房、浴室、厕所、木地板、玻璃窗，家里的各个地方被清洁得锃亮发光。果然是专业人做专业事！

全部的费用加起来有 4 万日元。不能把这笔钱仅仅当作打扫了房子收拾了家务的花销，其实这也是治疗这座房子，治愈自己的治疗行为的花销，是一种家庭预防医疗。所以，这笔花销绝不贵。

我们可以再梳理一下：

收拾杂物就是对应乱七八糟。

清洁就是对应污垢。

只要减少杂物量，收拾杂物就变得很轻松。

只要减少杂物量，打扫卫生会变得很简单。

即便如此，如果出现了实在是让人束手无策的灰垢污迹，就可以花钱请专业人员清除。

人们总是对投资“无形之物”有抵触感，惊讶于“保养维护居然要花这么多钱”。

其实这本质上说明我们对于保养的认识不高。我真想提高一下大家的保养意识，想给“打扫卫生的阿姨”最高的报酬。

我们至今一直活在以物品为判断标准的“物品轴”的环境中，没有认识到空间的价值。我们还没有意识到一个令人神清气爽的“空间”会给人带来多大的营养，身处一个干净整洁的空间中会促使人产生多少巨大的能量。

把保养维护交给专业人士与直接摄取营养品一样，都有很高的投资价值和意义。

家电坏了怎么办？——不能继续将就地使用

假如某天，像电视机、扫地机、空调、洗衣机之类为我们的生活提供服务的家电产品突然不运转了，怎么办？

那就打电话给负责维修的人。但是如果维修的人不能当天就来，衣服又不能拖三天不洗，那应该怎么办才好？

如果维修的人来了，他告诉你一个不安的事实——这个家电有些年头了，以后也不知道什么时候会坏。质保期早就过了很久，你也只好如数支付维修费。

也就是说，维修前后，电器都是个大压力。

这时候，我们应该采取的对策只有一个——换。

电器已经为我们服务了相当长的时间，没有必要在修理后勉强继续使用了。坏掉的电器里既有灰尘堆积，也一定会发霉生锈，电器罢工也一定有它的理由。

的确，东西坏了，修修再使用也不是什么坏习惯。但是与包包、鞋子、宝石等不同，家电还是越新的越好。首先，新的电器有新的功能。

我曾问过一家电器厂商："如果你们要买电器的话，会按什么标准来买？"

厂商说："最好是功能简单易懂，目前是市场上最新款的。没必要有感应器按钮。功能越简单越不容易发生故障。就像空调的型号。越是最新款，环保功能就做得越好，也就越省电费。"

我也是爱用新款电器党。借着搬家的机会，按室内布局买了一些电器。家电也是从外观角度挑选的。家电和厨具一样，都属于"用之美"。

取舍守则

循环利用书籍杂志——尽早放手的方法

之前有写过“吃东西就是吃鲜度”。其实读书也是读新鲜度。也就是这本书是否对“现在的我”有必要。如果有必要，就趁着“新鲜”赶快使用。听过有 5000 人等待到图书馆读书的事情，有些吃惊。如果想读某本书就不要等待，要马上拿来阅读。读书也是对自己的投资。

另外，我喜欢边读书边记笔记。因此一般不会从图书馆或者别人那里借书。而且，我读过的书到处都有笔记或记号。

有时候，我也会碰到那种“尝了一口”就感觉不对口味的书。其实挑书和点菜一样。看着好吃，端上来尝一口发现不合胃口。点菜会点错，买东西也会买错。

第一口就感觉不对味儿的书就第一时间合上，放下书。

当然，有人会觉得从一本书的某句话中有收获也是值得的。

我买书的频率大约是两三天一本。也有因工作关系收到别人送来的书。所以我的书籍量总是在不停增加。这时候就需要进行“总量限制”。手边的书全部是“尝过一口就觉得是美味的”。大概有 300 本。我把它们放在书架的固定位置，每天都在新旧书的取舍之间战斗着。

比起书来说，杂志的更新频率更快，不停地购买，不停地处理。因为我把杂志当作“信息”。

处理书籍和杂志的方法主要是送人。随口打声招呼，让人带走看上的书或者杂志。

书是对自我的投资

书分有趣和无趣，必须读上一读才能判断。家里最好不要放那种“挺无聊的，不过扔掉太可惜了，权当打发时间”的书。

这种方式并非“卖二手书”的感觉，只要书能继续发挥其作用就已经满足了。

其实，除了书和杂志，处理任何东西，都要尽可能地选择不费时间和精力的方式。

比如说“拿到跳蚤市场顺利卖掉”的机会是很难碰到的。当然，对于常常出入跳蚤市场的人就另当别论了。但对于一般人，比如“出让一套二手制服”的话，还要先去干洗店洗好之后再去卖。既花钱又花时间。假如把逛跳蚤市场当作乐趣的话也没问题。

想要循环利用书籍的话，可以考虑旧书店、二手店或义卖市场等。如果想在网上拍卖的话，要限定时间点，尽早脱手。

“可以扔掉吗？”“不能扔掉？”——自己来决定

绝大多数刚刚接触断舍离的人都会问到的问题有以下几个：

“我无法扔掉以前的照片……”

“别人送的东西扔不掉……”

“我不知道该拿父母的遗物怎么办……”

接着他们又说：

“怎么办才好呢？是不是还是扔掉好？”

如此，有很多烦恼“还是舍不得，扔不掉”的人总是习惯向旁人寻求对策。对于这些问题的咨询，我常常这么回答：

“扔掉好不好，不是我来决定的。因为这个东西是你的，不是我的。”

接着我就反问：

“你觉得自己想扔掉它的理由是什么？”

“有必要扔吗？扔掉的意义是什么？你能告诉我吗？”

这时候对方就沉默了。他第一次认真地去思考这些问题。

在我首次对外宣传断舍离时，听到不少反对的声音——来自“真可惜，太浪费”的物品价值观。

“什么？扔掉？这种浪费行为我才不会干呢！”

“要是我这么糟蹋东西，你让周围的人怎么看我！”

他们总是紧扣住“真可惜，太浪费”这一点，却没有想过到底是什么东西、到底会造成多大的浪费。

因此，我认为这种不思考而直接入手或把东西留在身边的行为并没有反映“节俭珍惜”的价值观，而是显示出“思维停滞和懒惰”。现在的我意识到自己已经摆脱了“真可惜、太浪费”的顽固思维，开始形成“舍”的新思维方式。

无论是照片，还是赠品、礼物，还是亲人的衣物，只要认为是对自己必需的，就好好珍藏保管，认为对自己没有必要就可以立刻处理掉。

只要有珍藏价值和意义的东西，就毫不犹豫地留在身边。没有价值没有意义的，就马上处理掉。很简单，不复杂。

换句话说，自己的事情不能停止思考。放弃思考就相当于放弃人生。断舍离就是重拾思考，重启人生。

断舍离并不止步于“扔不扔东西”。

我自己提倡并推广断舍离正是因为我并不擅长断舍离。

当一个人时常在应该“断舍离”时，犹犹豫豫、恋恋不舍、拖拖拉拉，不愿意放手时，这种现象也是“物品轴”思维的反映。

当思维方式转换成“空间轴”后，我们才能更全局地俯瞰杂物，大大地减少被“杂物”牵着鼻子走的情况。

“空间”=“思维”。

抽纸放进抽屉中

卧室环境的基本要求是安全，安全。家具统一不要太高。防止高架倒塌或是砸下什么东西。只有内饰物放在外面。

如何处理信件、贺卡、名片——不要欺骗自己的内心

某位当红的相声演员曾经咨询过我一个问题：

“我收到了很多粉丝的信，不知道该怎么处理？”

“你不已经没有了当初收到信的激动高兴劲儿了吗？”

“那就遵从内心吧！”

“扔掉就行吧！”

别人送来的东西要怎么处理还是要自己自主来决定的。

旁人也不清楚的事情没有必要去反复欺骗自己。

信件、贺卡、礼物的意义在于收到的那一瞬间，也就是感受到别人心意的瞬间。

因此，当我们犹豫烦恼“这个东西，该怎么办呢”“扔了怪可惜呢”时，就代表我们已经没有了刚刚收到礼物的激动心情了。所以不必掩饰自己，诚实地承认这份心情的消失也不是什么坏事。

那些让你真正感到珍贵，需要珍藏的东西，并不会浮现在你断舍离的目录中。只要一想到这些东西，心中满是欢喜之情，它们让你怀念往昔时光，你会不由自主地把它们当作

珍宝收藏好。

面对一些旧物时，当你并没有什么感动或者触动时，就说明它带给你的感受已经不复当时了。这时候你要回忆起当时收到它们的激动心情，同时好好与这些旧物告别。

我在处理旧信件、旧明信片时，总会把它们撕碎后再扔掉。否则自己还会恋恋不舍。这也是一种告别仪式。

名片和信件、贺卡不同。尽量在当天就处理。也许你觉得用名片可以记住别人的联络方式。其实现代社会，通信手段各种各样。重要的伙伴用邮件短信就能立刻联络到。

名片只是为了初次会面时，双方能迅速记住对方的名字，所以名片只在初次会面的当时当场有意义。

“临时之物”不如不要——（吾爱吾物）

以前在某个旅游地得到一件纪念品。虽然知道纪念品的意义，但陌生人给的纪念品多少还是让人觉得困扰，不知道怎么处理才好。

这时候，可以暂且放在手边，给自己一个“犹豫期”。

一般“犹豫期”是一个月左右，一个月的时间足够我们跟朋友聊聊旅游的感受，展示一下当地的纪念品或者特产，犹豫期一般是一个月，长则半年。

我遇见过形成鲜明对比的两个房间。

一个是开讲座时青年会议所的办公室兼接待室。

接待我的人打了声招呼“请在这里稍等一下”。我一回身，就发现这是个不得了的地方。沙发上堆着成山的资料，连坐的地方也找不到。地板上也堆着杂物，杂物摞着杂物。不难看出来，这是个乱七八糟的房间。

另一个是某个厂商的大楼的接待室。

接待室里摆着沙发和桌子，上面收拾得干干净净。实际上，对我来说两个接待室都没什么不一样。至少对我来说，这两个房间放不放东西，或者放什么东西，我根本不关心。

后者的架子上摆着鲑熊、小木偶人、九谷烧的陶器、木雕，等等。这些东西的选择和摆放方式没有任何意义。也许这些只是可有可无的赠品，无法处理掉，就随便放在架子上当装饰物吧。没有人关心的杂物都被扔到这个架子上。

其实，鲑熊和小木偶人是日本人家里有代表性的装饰物，如果主人特别爱惜，用心装饰房间的话，它们会更显眼，更有存在感。

如果只是在某个地方临时地放置某些东西，其实不如不放。所谓“临时”“权宜”“姑且”这些词汇不仅反映了物品的意义，也折射出我们的生活方式。

如何处理孩子的作品——让大家都满意的“纪念照”

除了料理之外，人们也特别重视“手工作品”。一旦别人送给自己某个亲手制作的东西，我们绝不会把它们扔到一边，置之不理。随手扔掉更会受到报应。

诚然，如果喜欢手工、享受手工作品韵味的话，把亲手制作的作品装饰房间，或者随身携带也是一件乐事。

但是，尽量不要把自己的手工作品硬塞给别人。“亲手做的东西”并不代表“这个东西饱含深情”。假如是自己家孩子的绘画作品，哪怕再拙劣，也会高高兴兴地收下的。但其他人的东西却很难说。

曾应电台的邀约，去一户人家整理家务。主屋住着双亲，长男在同一片地基盖房子住进去了。我们要收拾长男以前在主屋留下的东西。

长男特别擅长画画。母亲从他小时候就开始收藏他的每一幅作品。

当他看见这些绘画时，他说：

“确实画得不错，不过没有想象中的好。”说罢就把画都扔掉了。

定格作品与孩子笑容的“一瞬间”

这是孩子努力完成的绘画作品。爸爸妈妈应该先表扬赞美，而不是评头论足地挑毛病。将孩子的笑容和作品定格在照片中，孩子满意，大人也满意。

对于这些学校的绘画作业，大家是如何处理的呢？

有人说这是成长的印记，是童年的回忆，想扔也扔不了。很多人也向我咨询该如何处理这些东西。

手工作品之类的杂物最重要的是新鲜度。当孩子带着自己做好的手工作品回到家给妈妈看时，妈妈大声地表扬他。

然后，孩子拿着作品，拍张照片。整个事情就可以结束了。

孩子受到表扬，非常满足，因为他本来就想感受一下妈妈看见他的画时的笑容。

大块头的家具真有必要买吗？——用不惯的大沙发

所有的坏事都来源于那超大的沙发。

可能这么想会受到家具厂商的白眼。可这是我的真心话。因为我见过很多家里放着超大的沙发，简直非常碍事，而且占用面积很大，和整个家居空间很不协调。

大沙发妨碍了自己和家人的自由活动，给日常生活带来了越来越多的不顺心，让我们身心累积了不少压力。

甚至有些家庭竟要跨过沙发才能打开窗帘，嫌太过麻烦，干脆不管窗帘，整个屋子黑乎乎的不见阳光。

话说回来，沙发这种大块头的家具本来是放在非常宽敞的空间中的，并不是贴着墙壁的。

买沙发之前，首先你是否用得惯沙发？是不是最多用来扔点儿脏衣服，或是堆放点杂志书籍等，抑或是坐在地板上把沙发当靠背罢了。

因为沙发是大家具，所以也很难轻易扔掉。因为我们下意识地认为只要家具没有坏，就能一直用下去。而且这上面还花了大笔钱。

我从前也是为沙发发愁的人。所以现在的客厅根本没有放沙发。餐桌和书桌兼用一张。

家里的家具数量尽量压缩到最少量。因此，客厅的空间可以根据来客的人数变大变小。

有些客人是喜欢在客厅伸展身体，舒展手脚的人。

家具与其他零碎的小物件不同，必须有很大的力量才能做到断舍离中的“断”。买家具前要诚实地问问自己“到底这个东西是不是真需要”。

我买家具的要领是：能长时间使用和有独特的家具感。

三合板的家具时间一长容易开裂，而原木家具时间越长越有韵味。

餐桌兼书桌用的是核桃原木。再用上天然植物油的涂料，连缺口也会散发出木头的香气。包括床和餐具架子，书房的书架，都是几年前专门定制的。

而且，我买家具必须买带脚的家具，地板露出来才让空间显得清爽干净，打扫起来也方便。可爱的扫地机也能自由自在地活动。

如何扔掉量大块头大的杂物——怎么处理不用的被子

阁楼里出现了 100 条不用的被子。

这不是什么好笑的故事。

一直与公婆住在一起的石川家里放着很多被子。以前很多家庭都会为客人准备被褥。亲戚来了用的被褥，还有毛巾。如果有 4 套床上用品的话，就是 3×4=12 条。

各个床上用品反复用过多次，逐渐地就会变破变旧。所以又要准备 3×4=12 条新的被子褥子备用。但是以前的破旧套装又不是不能用了，只好收进橱柜中。

这种旧的不扔、新的又来的情况，在这个家里 40 年间上演了 4 回，基本上就能积累成 100 条被子。

因为旧的还能用，舍不得扔掉。

这其中既有心理上的问题，也有因为块头大不好扔的问题。因为体积大，占地多，不方便搬动，还得选个大型垃圾回收处。所有大型垃圾处理起来得花很多时间。

这种床上用品又不能当成礼物送人。被子里满是裹过这个被子的人的情绪、气息，送人简直是煞风景。而且被子很容易滋生跳蚤，必须扔掉。

那么，我们可以把这些东西转移到本书在第一章介绍的 24 小时可用的垃圾场或者储藏室、仓库、阁楼中。这些被子之类的大物件，如此大量的物件应该怎么扔掉呢？

我在某个杂志的“断舍离企划”中，决定把这些大件家具交给专业人员。所有的大件物品全部交给处理废品的专业人员，拜托他们全部搬走。

这些东西居然占了两卡车，花费了 8000 日元。如果交给别的人要花 2.5 万日元，真的是赚到了。一般来说，按垃圾场的量来商议价格就行，而被子之类的每家有 1 ～ 2 床就完全足够了。因为现在的亲朋好友到别人家住宿过夜的情况逐渐减少了。

看完晚家务、早家务、周末家务后，你有什么感想呢?

对家中杂物践行断舍离，减少不需要的东西，切实减轻做家务的负担。

今天也可以边享受香茶，边轻松愉快地做家务了。

后记

家务里饱含的赞美之音

家务内容无非是煮饭、收拾、打扫、涮洗。

不知从何时起，家务开始被一些框框限制、规制起来——认真地、努力地、细腻地。

但这些词汇包含的对家务的期待是强制性的，勉为其难的。换句话说，就是无法实现的幻想。

所谓“认真地、努力地、细腻地”，有多少时间都不够用，即使时间充裕，家务永远是做不完的。

因此，还有另外一种家务做法：

马虎粗糙地做家务、应付式地做家务、随随便便地做家务。

但是，事无巨细的家务该如何做到马虎、敷衍、随便呢？光是想想做什么家务就够人头大的了。但是一旦这么做了，少不了更多的后悔和懊恼。

要想认真地、努力地、细腻地做家务，我们的身体会很辛苦。一旦马虎、敷衍、随便地做家务，我们的心里会很难过。

无论怎么想、怎么选，家务活始终是一种负担，甚至可以说是徒劳。

但是，家务也是充满奖励或赞美的。

用精美可爱的餐具，尝一口香喷喷的饭菜，简直没有比这更开心的事情了。

刚刚收拾完的家，干净整洁，令人神清气爽，裹上清爽的充满阳光香味的被单进入甜美梦乡。

香甜。

洁净。

清爽。

这是家务之后等待我们的奖赏。

这也是家务送来的礼物。

因此，家务一定是充满愉悦和惊喜的。

那你会和谁来一起分享这种快乐呢？是与心中的珍宝吗？还是独占这份快乐呢？

其实无论是独享还是分享，这种悦心之感都是毋庸置疑的。

【全文结】